少年科普热点

网络漫游

WANGLUO MANYOU

中国科学技术协会青少年科技中心　组织编写

科学普及出版社

·北京·

组织编写　中国科学技术协会青少年科技中心

丛书主编　明　德

丛书编写组　王　俊　魏小卫　陈　科　周智高　罗　曼　薛东阳　徐　凯　赵晨峰　郑军平　李　升　王文钢　王　刚　汪富亮　李永富　张继清　任旭刚　王云立　韩宝燕　陈　均　邱　鹏　李洪毅　刘晨光　农华西　邵显斌　王　飞　杨　城　于保政　谢　刚　买乌拉江

出版人　苏　青

策划编辑　肖　叶

责任编辑　肖　叶　邓　文

封面设计　同　同

责任校对　林　华

责任印制　马宇晨

法律顾问　宋润君

目录

引子 …………………………………………… (1)

第一篇 基础篇

网络是怎么一回事? …………………………… (4)
互联网是怎么来的? …………………………… (9)
什么是万维网? ……………………………… (14)
什么是 intranet? ……………………………… (20)
网站都有哪些类型? ………………………… (25)
上网都能做些什么呢? ……………………… (30)
互联网面临哪些问题? ……………………… (35)

第二篇 应用篇

如何查找信息? ……………………………… (40)
什么是电子邮件? …………………………… (45)
怎样能尽知天下事? ………………………… (52)
你用过在线字典吗? ………………………… (57)
怎样通过网络教育学习知识? ……………… (62)
怎样通过互联网购书、订杂志? …………… (67)
网络对旅游有什么帮助? …………………… (72)
你会看网上地图吗? ………………………… (77)
你能在出门前预知天气吗? ………………… (82)
怎样上网买东西? …………………………… (86)
上网怎么炒股票? …………………………… (91)
能通过网络找到工作吗? …………………… (96)
从 QQ、MSN 到微信,网上聊天为何受
欢迎? …………………………………… (101)
谁的触角最灵敏? ………………………… (108)
怎样上网打电话? ………………………… (113)

MULU

你的手机能上网吗？ …………………………（119）
上网能听广播、看影视、欣赏音乐会吗？ …（124）
你参观过数字图书馆、数字美术馆和数字博物馆吗？ …………………………（130）
网络游戏有哪些利与弊？ ……………………（136）
电子竞技是体育项目吗？ ……………………（140）
什么是“虚拟社区”？ ………………………（145）
在互联网上怎么送贺卡？ ……………………（151）
有看不见的银行和看不见的钱吗？ ………（155）
为什么要建“数字地球”？ …………………（159）
第三篇　提高篇
互联网由哪些硬件设备组成？ ……………（166）
网络的工作程序是怎样的？ ………………（171）
什么是虚拟主机？ …………………………（175）
为什么有时候需要用代理服务器？ ………（179）
什么是网络协议？ …………………………（185）
域名和 IP 地址是什么关系？ ………………（190）
为什么全球都重视 IPv6？ …………………（195）
什么是网络病毒？ …………………………（200）
什么是黑客和骇客？ ………………………（205）
什么叫博客？ ………………………………（210）
今天你刷微博了吗？ ………………………（217）

引 子

“今天你上网了吗?”10年前如果有人把这句话挂在嘴边问你，那未免有些超前，而现在谁要这么问你，恐怕你就觉得习以为常了。享受网络给我们生活带来的变化，已经是人人都津津乐道的事了。

亲爱的朋友们，在现代生活里，除了IQ（智商），还需要CQ——也就是电脑智商这玩意儿！现在，从儿童到老人，不论男女老幼，各行各业，不管你是公务员、公司职员，还是小学生、中学生、大学生，无论在办公室、学校，还是陪家里的小朋友……都会越来越多地遇到电脑、上网的话题。

据中国互联网络信息中心最新数据(截至2012年1月16日)，互联网普及率提升到38.3%，我国网民已经达到了5.13亿人。手机网民达到3.56亿人。那怎样才算是网民呢？按中国互联网络信息中心的定义：平均每周使用互联网至少1小时的中国公民都算作网民。算一算，你是不是

一个网民呢？有了网络，你可以在上面收发邮件、聊天交友、听歌、看电影、玩游戏……你还可以网上学习、找工作、购物、炒股……唉，说都说不完，可以说网络就是我们的另一个社会——虚拟社会。既然如此，就让我们一起去了解网络，进入网络，成为网络公民吧！

第一篇 基础篇

网络是怎么一回事？

既然地球人都要成为网民，我们就应该了解一下什么是网络?

我们通常所说的网络，是指 Internet，即互联网，在国际华人圈里又叫国际互联网。那它到底是什么呢？用一套专业术语来说，网络指的是全球公有、使用 TCP/IP 这套通讯协议的一个计算机系统。说得通俗点，就是全世界连在一起的计算机共同组成的一个系统，可这些计算机也不是随随便便

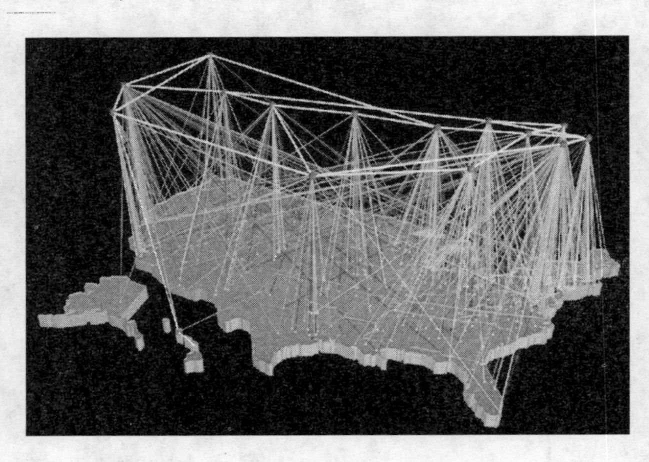

美国希望依托互联网技术建成信息高速公路

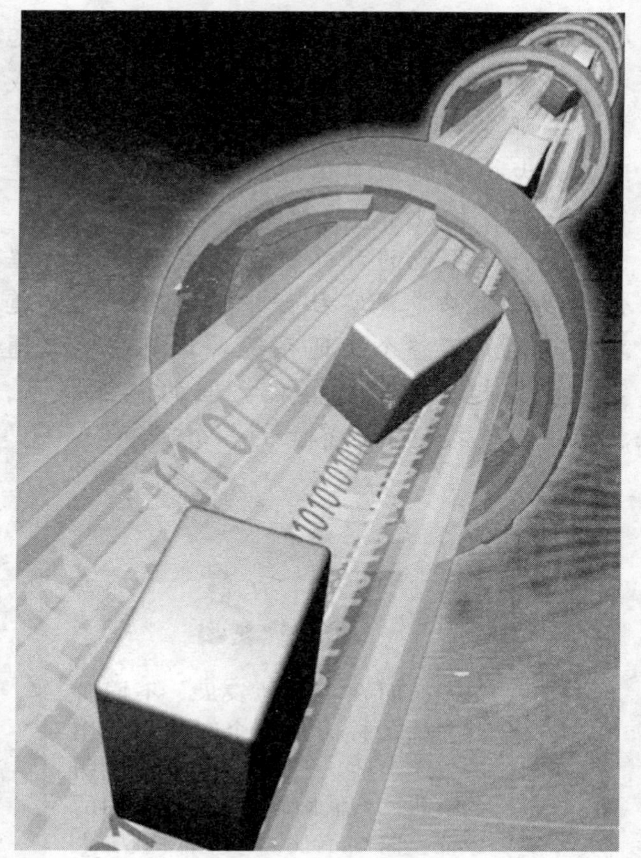

网络数据传输路线就像现实生活中的道路

连接在一起的，大家约定好了共同遵守一定的协议。

用一个形象的比喻来说，互联网是一个网中套网、网中有网的虚拟社会。在网络世界里，你的计算机就好比现实社会中的一座小城市，它是网络社会的基本组成单元；这些小城市围绕在一些大城市的周围，而大城市就是那些功能强大、充当服务器的计算机。这些大大小小的城市通过传输数据的线路连接在一起，构成了整个网络世界。

把世界各地的计算机连接成网络的数据传输线路就像是现实社会中的道路，这些道路一起构成了整个交通系统。正是这些交通系统建立起了各地计算机之间的相互联系，就像道路连接起了世界上的各个城市。

后现代文明

文明在不断地发展，不同阶段文明的标志是那个时代所使用的生产工具。“锄头”是农业文明的象征，“流水线”是工业文明的象征，而以1956年美国白领工人的数量在历史上第一次超过蓝领工人，以1957年苏联成功地发射第一颗人造地球卫星为标志，工业文明转变成了后现代的智业文明。而电脑和网络正是后现代文明的象征。

互联网帮助人们实现实时联系

在网络中，信息是成批传送的。这有点像我们生活中的邮件传输和递送，从一个地方向另一些地方运送东西，先是按大区域分类发送，到达后再按小区域处理，最后发送到指定的地方。在网络世界中道理也是一样的。

我们给外地城市的朋友写信交流时，你只要将信寄出去，就万事大吉了，完全不需要知道这期间的程序和周折是什么样的，自会有人帮你把信送到的。在网络社会中也是这样，在网络世界相互传送的是各种信息，你只要发出请求，你的请求就会迅速地被传输到目的地。

当然，如果因为网络故障无法送到，你的请求就无法实现了。不过大家想一想，在现实中，你的信也有送不到和送错的时候，有时还会把信再退回来，网络上也有同样的情况发生。但两者还有不同，普通的信件最快也得按天来计算时间，而网络上的数据传输是按毫秒级来计算的，实在是快极了！

有人说，互联网是全息的网，在这个网的任何一点，都可以获得整个网络的信息。不管你在哪一个地方上网，你都可以获取其他任何地方的信息（有限制的除外），也可以为其他任何地方提供你的信息。在互联网上，每一个人既是信息的消费者，又是信息的创造者。所以，我们不要小看网络的意义，其实它已经改变了每一个人的生活方式。

好了，现在我们知道了，可以说，网络就是我们现实世界的一个缩影。今天，我们的地球已经被笼罩全球的网络所包围，地球的每一个角落都与地球上其他地方保持着实时的联系。因为有了网络，“地球村”不再是梦想！

小问题

在你的心目中，网络是一个怎样的世界？

互联网是怎么来的？

现今，人们对互联网很熟悉，但在十几年前，人们对它还相当陌生。互联网是相当年轻的，即使追根溯源也才 30 年的时间。它的普及性应用，更是近些年的事情。

互联网的真正源头，可以追溯到三十多年前的冷战时期，美国国防部建立了一个简单的计算机网络——阿帕网（ARPANET）。第二次世界大战之后的冷战时期，美国与苏联在全球争霸，在军事和科技领域争雄。两

五角大楼（美国国防部）

人造卫星

国先是比赛核技术，后来又在人造卫星方面较劲。1957年10月4日，苏联发射了第一颗人造地球卫星，大大地超前于美国。美国人一时惊醒，好不容易在1958年1月31日发射了自己的卫星。但这颗卫星只有8千克，人们讥讽它是一颗“山药蛋儿”。

外行看热闹，内行看门道。美国的内行专家认识到美国尖端技术的落后，首当其冲的是美国军队的指挥通信系统。这个指挥通信系统是按照金字塔式的中央控制式网络构造的，如果对方先发制人摧毁中央控制中心，就会造成整个网络的瘫痪。换句话说，只要这个金字塔的塔尖遭到打击，整个塔基的控制也就失灵了。中国古代兵法有擒贼先擒王

的说法，就是这个道理。

美国迫切希望构造一个即使遭到突袭也不至于瘫痪的军事指挥网络，带着这一使命，美国国防部在20世纪60年代末到70年代初研制了阿帕网。阿帕网把美国的几所大学和科研机构间的几台计算机主机连接起来，成为一个实验性的网络。此网络可以保

早期互联网能做什么？

1972年，阿帕网上的网点数已经达到40个，这40个网点彼此之间可以发送小文本文件，当时称这种文件为“电子邮件”，也就是我们现在的E-mail，也可以利用文件传输协议发送大一些的文件，包括数据文件，即现在互联网中的FTP服务。同时，专家们发现了通过把一台电脑模拟成另一台远程电脑的一个终端而使用远程电脑上的资源的方法，这种方法被称为Telnet。所以，E-mail、FTP和Telnet是互联网上较早出现的重要工具。

商业化使道路四通八达，也使互联网发展一日千里

证当某一条线路被破坏时，信息仍可以借助其他线路在主机间传送，这便是互联网的萌芽。人类历史上有很多重大的发明最初是从军事领域产生的，互联网也是如此！

时间逐步推移，阿帕网转为民用，发展为今天的互联网。互联网能有今天，源自于其发展史上的两次快速发展。

第一次是在20世纪80年代中期，美国国家科学基金会为了满足各大学和政府机构科学研究的需要，在美国建立了5个超级计算机中心。正因为这5个超级计算机耗资巨大，因此让更多的人使用它，让它能为各行各业服务，多发挥些效率就更为重要。这样，互联网在20世纪80年代高速扩张。许多学

术团体、企业研究机构甚至个人用户也加入进来，互联网不再局限于纯计算机专业人员，它成了一种跨国度的交流与通信工具。

互联网历史上的第二次飞跃归功于互联网的商业化。从20世纪90年代开始，互联网开始商业化，商家盯上了这块大面包，并尽力地开发它。互联网向全社会开放了，它像滚雪球一样越滚越大，伴随而来的问题是带宽不够而造成传输速率太慢。这就好像路上跑的车多了，路就会显得窄，人类的交通网的问题是路的拓宽总是赶不上车辆增长，互联网也是如此，从那时起直到现在，互联网建设的主题之一就是不断地扩建、扩建、再扩建。

小问题

你知道还有哪些发明也是与军事目的有关的？

什么是万维网？

只要你听说过网络，你就一定会听说过“万维网”、“3W”这些词。那么“万维网”究竟是种什么东西呢？要想说清楚什么是万维网，首先要从“网页”说起。

“网页”实际上就是一个文件，可这个文件并不在你的个人计算机上，而是存放在世界某个角落的某一台计算机中，这台计算机必须是与互联网相连的。你连接到了互

美国微软公司

欧洲粒子物理实验室

联网上以后，如果你想打开那个文件，和你打开计算机中的任何一个文件一样，需要一种软件，这种软件就是安装在你的计算机上的“网页浏览器”。对于普通用户来说，最常见的网页浏览器就是微软公司的 Internet Explorer，简称 IE，这个浏览器最常用的原因在于它是与微软公司的操作系统捆绑在一起的。

“万维网”即 World Wide Web，缩写为 WWW，也简称为 Web，它的字面意思是“全球网”、“布满世界的蜘蛛网”。万维网是由欧洲粒子物理实验室发明的。万维网可以看作是一个基于超文本方式的信息检索服务工具。所谓超文本，也就是在一般的文本文件中建立了一些链接的文件，我们只要单击这些链接，就可以连接到互联网中的其他文件上。打个比方说，我们在读一个故事，这个故事不仅有自己的内容，还把其他相关故事在什么地方也标出来了，我们按照故事里的提示，就能找到其他相关的故事。例如，在超文本里，“故宫”两个字的背后就可以设置前往介绍故宫的链接，我们一旦点击“故宫”两个字，就可以自动打开介绍故宫的页面。实际上，介绍故宫的页面同样可以是一

小知识

什么是主页？

主页的英文叫 homepage，它是通过互联网进行信息查询时的起始信息页。而个人主页，是个人申请空间将自己做的某一内容的网页上传到某一服务器上形成的主页。当你在网上面对千姿百态、丰富多彩的主页，可能也会产生一种冲动——要是我自己也能拥有一个个人的空间就好了。实际上，许多网站都留有给个人设计主页的空间，而且大部分是免费的。你完全可以按照你的想法来设计自己的主页。

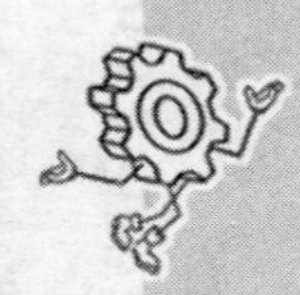

个超文本文件，它里面又可以放置前往天坛的链接。这样，超文本之间就可以进行任意的链接，而我们也可以在这些页面里面任意穿梭。

WWW 通过将位于全世界互联网网上不同地点的相关数据信息有机地编织在一起，提供这样一种友好的信息查询接口：用户仅需提出查询要求，而到什么地方查询及如何查询则由 WWW 自动完成。于是，你就可以通过互联网从全世界任何地方调来你所希望得到的文本、图像、声音和活动影像等信息。所以 WWW 也可以看成是把所有互联网的信息组织成超文本形式文件，让所有用户之间可以相互访问。“所有信息”？听起来似乎是个有点不太现

网络地球

HTML能够将不同电脑中的文本或图形联系起来

实的梦想，但是它确实做到了让你能够访问互联网的所有资源。超文本文件通过网页浏览器从网站的服务器上获取信息，获得的信息会在我们的电脑屏幕上以网页的形式显现出来。于是我们可以再通过网页中的超级链接在各个网页中间跳转，甚至可以向服务器回传信息，进行互动交流。

万维网的成功在于它制定了一套标准的、易为人们掌握的超文本开发语言HTML、信息资源的统一定位格式URL和超文本传送通信协议HTTP。HTML（Hyper Text Markup Language）也是一种计算机语言，同时它也是WWW的描述语言，这种语言的命令可以说明文字、图形、动画、声音、表格、链接等，

它最大的特点是能够把存放在一台电脑中的文本或图形与另一台电脑中的文本或图形方便地联系在一起，形成有机的整体。HTTP（Hyper Text Transfer Protocol）即超文本传输协议，是互联网上所有的 WWW 文件都必须遵守的一种标准。HTTP 是专门用来传输 HTML 文件的。URL（Uniform Resoure Locator）即统一资源定位器，也就是我们寻找 WWW 上的网页地址的方法，我们按照它要求的格式填写地址，它就会准确地把我们带到我们想去的地方。有了这三种工具以后，我们就可以按照 URL 的格式填写上目的地的地址，通过 HTTP 这个协议，访问对方用 HTML 书写的文件，也就是通常所说的网页了。

小问题

万维网的作用是什么？

什么是 intranet?

前面我们已经知道了互联网（Internet），那还有 intranet 你知道是什么吗？intranet 一般翻译成“内联网”、“内部网”或“内网”，是一个企业或组织内部的计算机网络，用来组织和共享一个企业内部信息的网络，其实就是一个仅限于企业内部使用的微型互联网。内部网通常不与互联网相连，或在防火墙保护下与互联网相连。内部网使用的应用程序与互联网是类似的，它一样可以提供万维网页、浏览器、

员工可以通过内部网及时了解公司信息

内部网只有本组织内部的成员才能使用

E－mail、新闻组和邮件列表等服务，但只有本组织内部的人员才能使用。

内部网与互联网相比，可以说互联网面向的是全球的网络，而内部网则只是互联网技术在企业机构内部的实现，它能够以极少的成本和时间将一个企业内部的大量信息资源高效、合理地传递给每一个人。

在互联网创立的早期，只有少数大公司才拥有自己的企业专用网。随着互联网技术的普及和廉价化，中小型企业也都可以建立起适合自己的企业内部网。对于内部网来说，最重要的功能就是它能为企业提供安全可靠的内部数据共享服务。有些时候，内部网信息泄露对企业的打击是非常大的，例如某些客户资料的泄露，会给企业带来重大的经济损失。

内部网为什么会发展得生机勃勃，最主要的原因就是现代企业对于网络和信息技术

内部网怎样与互联网安全连接

内部网的实现基于互联网技术，两个地理位置不同的部门或子机构之间要相互联结，往往也要借助于互联网。由于内部网通常主要限于内部使用，所以在与互联网互联时，必须加密数据，设置防火墙，控制职员随意接入互联网，以防止内部数据泄密、篡改和黑客入侵。

很多的大型企业都架设了内部网

的迫切需求。现代企业的主流发展方向是集团化和跨国化，邮寄方式传播信息就太慢了，很多业务就难以按时完成，而传真的方式虽然能够即时到达，但信息量太小，保真度也太差。如何保证企业的相关人员能在第一时间获得最新、最准确的信息？如何保证公司成员及时了解公司的策略变化和重要指示？如果只依赖传统技术，根本不可能满足这些需要。

把互联网技术应用到企业内部是解决这些问题的有效方法。互联网技术的一大特点就是能够即时共享信息。在互联网发展的早期，各种不同软件的电脑之间交流很不方便，随着 TCP/IP、FTP、HTML、Java 等一系列技术标准的成熟，不同平台的电脑也可以很好地相互交流，不同操作系统、不同数据库、不同网络都可以互连。它们有机地集合成一个整体。这就扫清了企业内部建设网络的障碍。

内部网的性价比要远远高于其他通信方式，它所需要的用在网络基础设施上的费用投入较少。由于采用开放的协议和技术标准，大部分机构组织的现存平台，包括网络和计算机，都可以继续利用。因此，总的看来，内部网建设起来非常简易、经济，管理和维护成本也非常廉价，而它发挥的信息沟通效率却是巨大的，这就是很多企业热衷于建设内部网的原因。

小问题

内部网与互联网之间最根本的区别在哪里？

网站都有哪些类型？

所谓网站（website），就是指在互联网上，根据一定的规则，使用HTML等工具制作的用于展示特定内容的相关网页的集合。简单地说，网站是一种通信工具，就像布告栏一样，人们可以通过网站来发布自己想要公开的信息，或者利用网站来提供相关的网络服务。人们可以通过网页浏览器来访问网站，获取自己需要的信息或者享

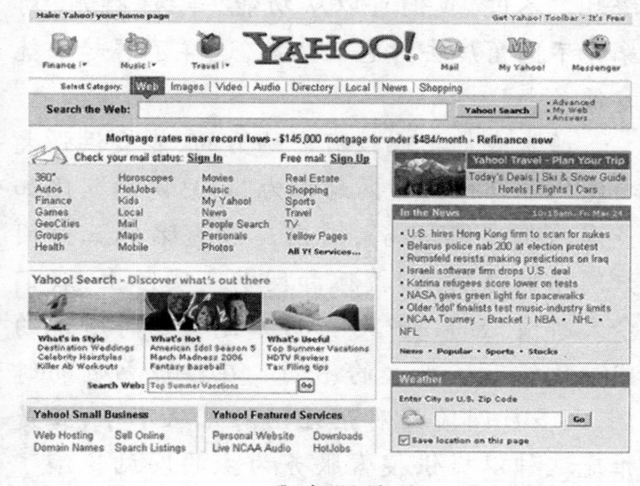

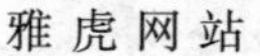
雅虎网站

搜狐网站

受网络服务。

互联网上的站点如此众多，真是让人眼花缭乱。不过，我们可以从功能、等级、性质、对象等不同角度去对它们分类，这样了解起来就方便多啦！

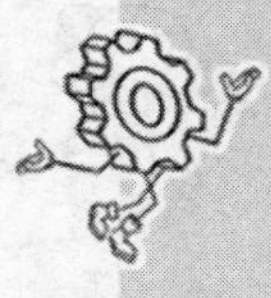

通常我们把比较有影响力的、能提供强大功能的综合性大型网站称为“门户网站”，比如美国的雅虎(Yahoo)，国内赫赫有名的三大门户网站则是新浪、搜狐和网易。实际上，我们今天所谈论的门户与当初雅虎初创时所说的门户已经有了很大的不同。在雅虎初创的时候，大多数网民面对茫茫网海无从下手，正是雅虎这种以提供搜索服务为主的网站扮演了引导网民“入门”的角色，成为网民进入互联网

的“门户”。不过，随着网络媒体的发展，原先的门户不一定再将搜索作为主业了。而提供搜索引擎服务的又不一定非门户不可，很多单纯的搜索引擎网站涌现出来，例如百度和谷歌。门户网站逐渐变成提供包括新闻服务、邮箱服务等集成服务的网站。而单纯提供搜索引擎服务的网站则致力于强化网络内容的索引和调查功能，隐隐约约有变作网络数据库的趋势。

与综合性网站相对的是“专业网站”，就

网站的命名

多数网站的名称可以顾名思义。商务网是以从事电子商务活动为主的网站；证券网是以发布证券即时信息、提供相关资料、接受个性化咨询等为主要服务内容的网站；游戏网站专门提供在线游戏或游戏软件的下载；娱乐网站专门提供娱乐信息或各种影视资源；文化网站则普遍以文化为主题。

好像行业内部的专业杂志一样，专业网站是以经营某一类专业内容为主的网站，又被称为“垂直网站”。从发展方向上看，垂直网站不求“全”而求“深”。垂直网站的特色就是专一，它们只做自己熟悉领域的事。它们是各自行业的专家、权威，吸引顾客的手段就是做得更专业、更权威、更精彩。而垂直网站的顾客通常也不是普通的顾客，这些顾客基本上都是该行业的消费者。在信息方面，垂直网站也必将向纵深型发展，因为每一个行业都需要它自己的纵深型网站，进行纵深的探索，才能有利于这一行业的发展。

另外，有自己详尽而纵深的专业内容的网站也被称为“内容网站”。如果网站内容侧重

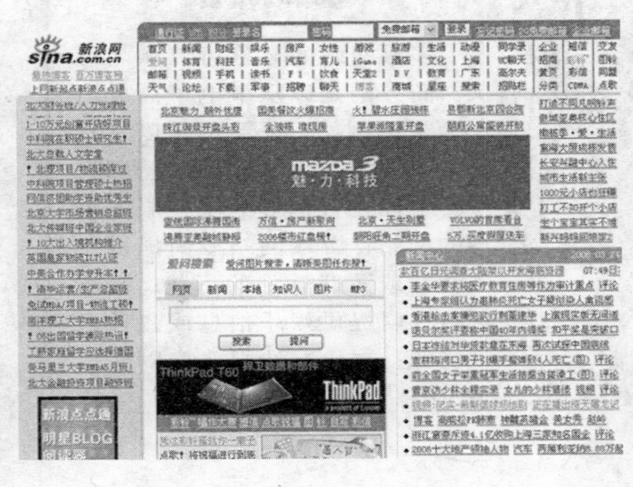

新浪网站

首都之窗网站

于公益服务，那它就会被称作公益性网站；如果网站是由各级政府牵头建立的，其内容以发布有关政府工作信息为主，则被称为政府网站。

小问题

你对哪个专业的“垂直网站”最感兴趣？

上网都能做些什么呢？

如果我们想要真正体验到网络生活的乐趣，首先要了解我们上网究竟能做多少事、能做什么事。许多人在上网之前觉得互联网高深莫测，初涉网海又没有什么突破，只停留在浏览页面的层次，不久后难免兴趣索然，觉得互联网不过如此，没什么好上的；也有一些人上网要做的事很简单，或者是读读新闻，或者是挂在聊天软件上一待就是大

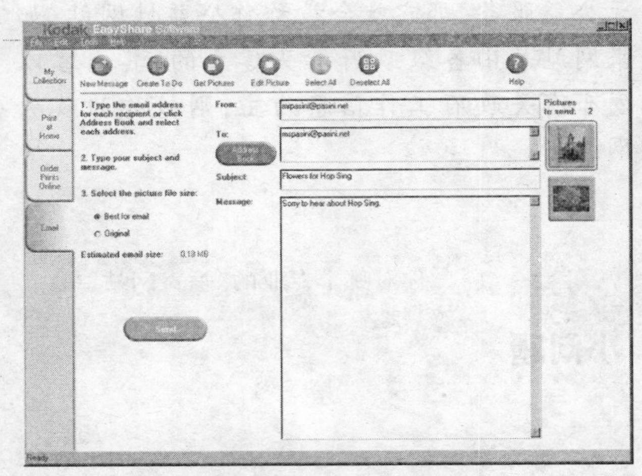

收发电子邮件

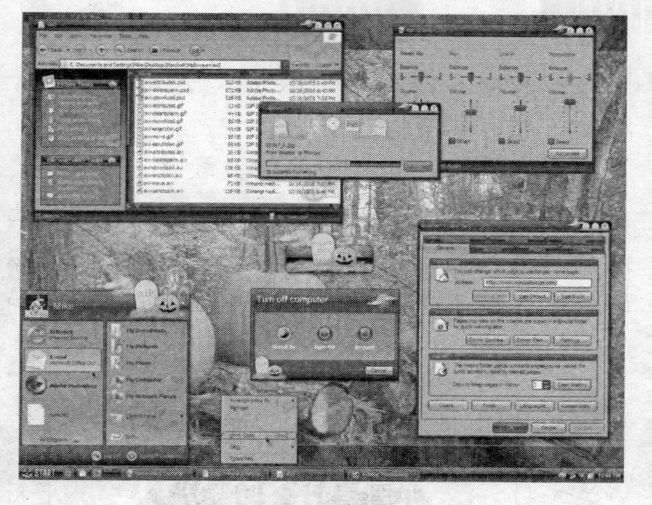

网上有很多免费资源可以自由下载

半天。其实，互联网的功能多着呢！

浏览信息。这是互联网提供的最基本也是最简单的服务项目，几乎每个网站的主页都分门别类地设置了大到全世界，小到网站本身的新闻、信息。

收发电子邮件。这是互联网目前最吸引用户的功能之一，电子邮件极大地方便了人们通信的速度和频率。

在线查询。想知道近几天的天气情况吗？想查一下某大公司的联系电话和产品种类吗？还是正为写论文苦苦搜寻资料，为个人婚恋望穿秋水……所有这一切，网上全有！

下载资源。网上有很多地方提供下载，

或有偿或无偿，其中包括计算机软件、游戏、图片、书籍、影片、音乐等，可以下载的资源真是应有尽有！

情感交流。包括一些聊天软件（如 QQ）、公告栏（BBS）、聊天室、论坛贴吧等，是让无数网虫废寝忘食的地方。互联网是个虚拟的世界，这里有成千上万个论坛供你交友和

中国是什么时候进入全球互联网的？

1987 年 9 月 20 日，自北京计算机应用技术研究所研究员钱天白教授从北京向德国卡尔斯鲁厄大学发出的第一封电子邮件“越过长城，通向世界”，互联网正式在中国大陆地区运行。1990 年 11 月 28 日，钱天白又代表中国在国际互联网域名分配管理中心首次注册了我国的顶级域名 CN，并建立了我国第一台 CN 域名服务器，从此，中国有了自己的网上标志，中国的网络有了自己的身份标志。

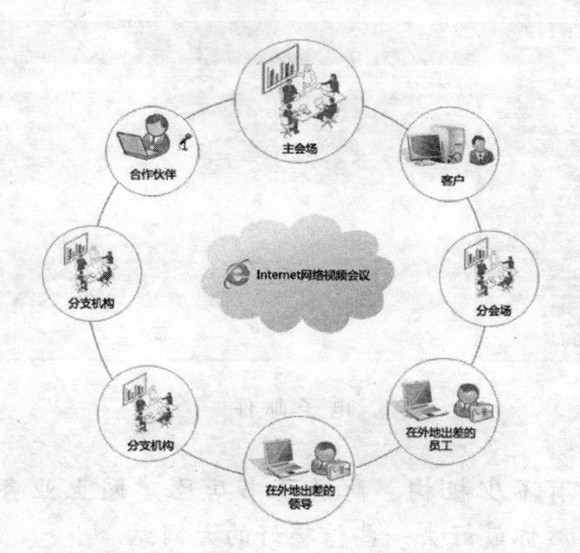

网络会议已经不是什么新鲜事了

发表见解，而且无须担心身份暴露或是言不由衷。

网上聚会。除了可以约定亲朋好友在互联网上进行交谈，还可以通过提供此类服务的站点实现固定团体的网上“重组”。

发布求助。互联网的传达室优势自不必言,在这里你可随时发布求助信息,通常都能很快获得反馈,有关网上紧急求助成功的例子比比皆是。所以一旦你江郎才尽或是走投无路时,千万不要忘了还有这一张“互联网”。

电子商务。目前，许多站点都有网络订票、购物、送花等专营业务和相关服务，同

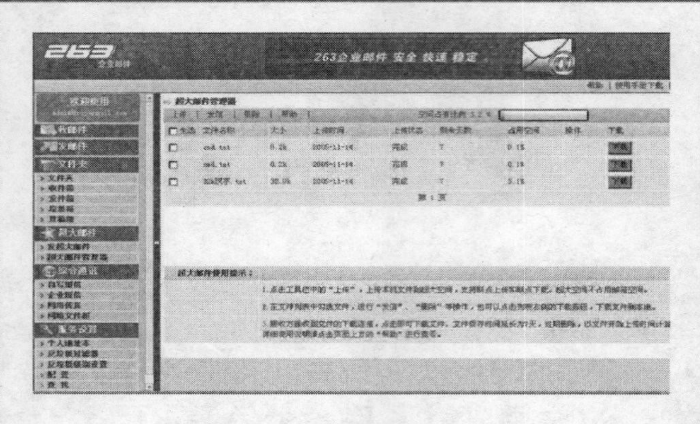

电子邮件

时有不少机构、商场和书店已建网上业务，当然你最好去一些信誉好的大网站。

远程互动。网上炒股早已不是什么新闻了，远程教学、远程医疗、网络会议等项目也都在迅速发展，我们坐在家中就能获得名校名师的指点、名院名医的治疗几乎指日可待了。

个人主页。这是网站中一道异彩纷呈的风景，也是最能体现出你的个性和品位的地方。

总之，遨游网络，你可以做的事简直数不胜数。那么这些功能怎么才能实现呢？等我们一起进入下一个篇章，你就能找到答案啦！

小问题

你都使用过互联网的哪些功能？

互联网面临哪些问题？

自1969年诞生以后的40多年来，互联网从试验时的雏形成长为社会未来发展的中枢，成了一个拥有众多的商业用户、政府部门、机构团体和个人的综合性计算机信息网络，在我们生活的方方面面都获得了广泛的应用。

互联网的发展速度惊人。从1991年开始，互联网联网计算机的数量逐年递增。截

用户的增加带动了网址空间的迅速扩大

至2009年年底，全球互联网用户已超过18亿。如今人们的生活已经离不开网络了。然而，网络在实际应用中并不是那么完美。

互联网的安全是个大问题。互联网长期以来是开放式的，信息高度公开化，而在系统安全和信息安全方面不太重视。电子商务、网络银行屡屡出问题，让人很难放心用网络

互联网对美国的经济意味着什么？

互联网技术促进了美国经济的繁荣。互联网同当年的铁路、汽车一样，它带来的繁荣也源自经济中一个全新行业的出现。人们把互联网技术用到不同目的上，以及研制各种硬件和软件以便把万维网推广到世界各地的热潮都使经济迅猛增长，投资激增，新的企业也一直在不断涌现。美国正处于有史以来资本支出和股票市场增长最快的时期之一。几乎只有20世纪60年代经济状况最好的时期才能与之媲美。

经营理财，更使人们对网上理财缺乏信心。

互联网传输的精确性很高，可是很多时候却不能保障迅速而及时的传输。比如，看网络电影的时候经常会断断续续，这大多是由于网络带宽不够造成的。

在各个独立网络之间的收费和信息的交换上也有好多不方便的地方，就好像出国办签证难一样，不同网络之间要顺畅地实现转账支付之类的事情，也还有很多技术标准需要统一。

互联网很年轻，所以它现在有很多问题并不奇怪，这些问题也促使人们不断探索，寻求新的解决途径。我们相信问题会不断解决，我们的网络生活将会更加精彩！

互联网促进了美国经济的繁荣

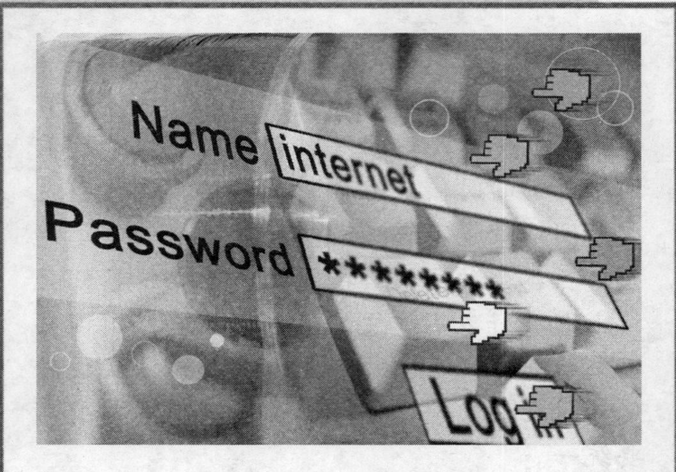

安全是网上支付的重要前提

你在上网时遇到了哪些问题？你知道这些问题的原因是什么吗？有哪些问题是由于互联网自身的原因造成的？

第二篇
应用篇

如何查找信息？

互联网是一个站点的海洋。每个站点都是自发地建立起来的，所包含的内容和形式五花八门，想要找到我们需要的信息犹如在大海里捞针。因此，从互联网巨大的信息海洋中有效地筛选信息、甄别信息的真伪，成为大多数网络用户日益关注的问题。搜索引擎产生以后，一切变得方便起来，你可以输入几个关键词，就一下子到达你所需要的网站。

在网上搜索信息一定要有的放矢

雅虎搜索引擎

搜索引擎一般可分为三部分：①在网上搜寻所有信息，并将它们带回搜索引擎；②将信息进行分类整理，建立搜索引擎数据库；③通过服务端软件，为用户提供浏览器界面下的信息查询。其中，使用频率最多的是主页搜索引擎。

信息查询需要哪些技巧呢？

第一，一定要有目的性。网上信息量极大，对于初学者来说，很容易在查询的过程中被其他有趣的信息所吸引，偏离主题。因此你查询之前一定要明确意图，最好在纸上记下来，要顺藤摸瓜，切忌跑题噢！

第二，对要查询的信息分类。例如，所查信息是中文的还是英文的？是站点还是文章？是人物还是软件？是政府组织还是民间团体？这一步是你必须多花点脑筋的。同时，尽可能使用那些较特殊的短句或单词，不要用那些非常普通常见的词，否则将引来数以千计的无用响应，举个例子，如果你要查宠物狗的信息，就不要用“狗”这个词去搜索，否则返回的信息一定多得让你看不过

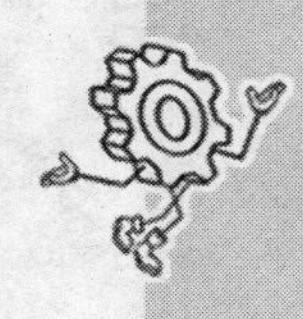

好的搜索引擎应该具备哪些特点？

在互联网上，大多数搜索引擎的检索服务是免费的，支持它们的收益来自巨额广告费，因为功能齐全、响应迅速、知名度高的搜索引擎往往是互联网访问率最高的热门网址。一个优秀的搜索引擎产品必须查询速度快，性能稳定可靠，具有极好的可维护性和可更新性能。系统稳定可靠，具有完整的容错、备份、崩溃修复机制，系统即使出错，也可以得到迅速的恢复。

谷歌中文网站

来。你最好输入具体的宠物狗的种类去搜索。

第三，根据信息的分类，登陆不同特长的搜索引擎。例如，雅虎查询各个网站比较有效；而另一个搜索网站 Altavista 可以全文检索，界面十分简洁，它的特长在于文档搜索，查文章的能力首屈一指；而大名鼎鼎的谷歌搜索引擎已经成为“搜索”的代名词啦！

第四，紧密跟踪相关内容的权威站点。比如说，如果你对 IT 业管理比较感兴趣，IT 经理人杂志站点就是不能不去的。你也可以在一些电子杂志网站订阅，它们可以把每一期杂志推送到你的手机上，这样你即使不登陆知识管理站点，也可以掌握第一手资料了。因此，紧密跟踪相关内容的权威站点能使你时刻与业界最前沿的技术和思想保持一致，许多信息和资料当然也能轻而易举地获得。

第五，向相关站点提交问题。例如，ERIC（Educational Research Information Center）是美国的教育资源信息中心。只要是有关教育的问题，ERIC 通常都会帮助你找到答案。

第六，请教网络高手。根据信息的种类进入 BBS 上的相关专题，态度谦虚地向斑竹（BBS 的专题负责人——版主）和其他大虾（知识丰富的老网友）请教。这里你面对的可不只一个高手，不要害羞，提出你的问题，你肯定会有所收获！

小问题

你都使用过哪些搜索引擎？你比较过它们各自的特长吗？

什么是电子邮件？

电子邮件，顾名思义也是一种邮件。它与日常生活中邮局发送的邮件基本上是相同的，它们都是一种信息媒介，用来帮助我们实现互相交流。而它与日常邮件不同之处在于实现通信的方式上不同。邮局信件需要我

传统邮箱

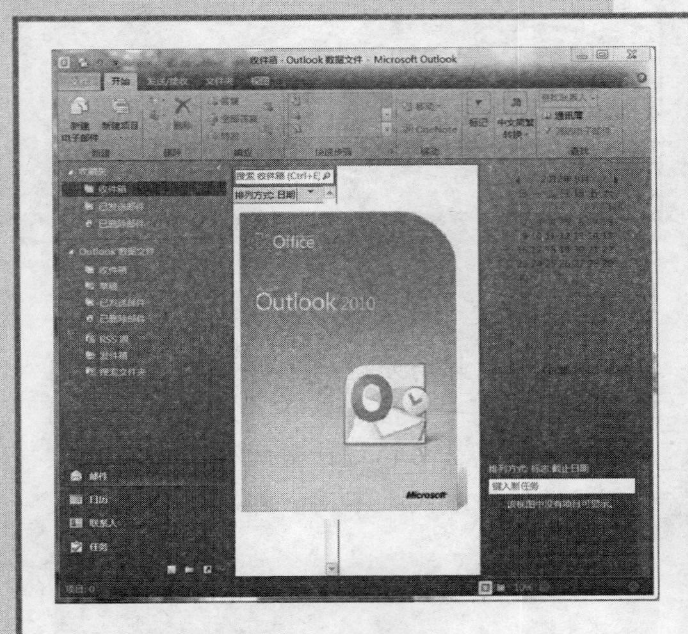

微软提供的电子邮件软件 Outlook 2010

们用信纸来书写，然后贴上邮票通过邮局把信发出去并经过传递而到达收信人手里。而电子邮件在计算机上编写，然后通过网络直接传递到收件人信箱里。

电子邮件的发送、接收需要在网络上有一个相应的信箱地址，就是 E－mail 地址。要给某人发电子邮件，首先就要知道他的 E－mail 地址。现在好多网站都提供电子邮件服务，你可以进入网站申请电子邮箱。这样你就可以在你的邮箱中把信发给你的朋友，并管理你的邮箱中的信件。现在，网站上的

邮箱大多数是免费的，付费的邮箱能提供更专业的服务。

电子邮件与传统邮件相比有着明显的优点。传统邮件需要纸张、需要邮票，还要运送投递，对人力、物力和资源的消耗很大。而且它的速度也较慢，一般国内邮件需要三五天，国际邮件时间更长。而电子邮件几乎

电子邮件是谁发明的？

互联网真正出现电子邮件是在1978年，那个时候网络的规模还非常小。电子邮件的发明人叫大卫·克罗克。最早的电子邮件通讯协议诞生在1972年，后来大卫发现电子邮件是一个运用非常广泛的社会通讯方式，所以他对怎样使社会上的互联网使用者能够更轻松、更容易、更简洁地使用邮件通讯服务产生了浓厚的兴趣，于是他就对一些旧的协议做了优化。优化的结果就是使电子邮件的通讯可以应用于更大的范围，使得全世界的网民都能够互相通讯。

可以忽略空间的距离，做到收发同步。一般情况下，电子邮件的传输时间很短，可以说从中国发往地球任何一个地方的电子邮件都能在几秒内到达，而且电子邮件的可靠性很高。

电子邮件与电话相比要便宜得多；与传真相比，电子邮件更有保密性。目前，电子邮件也可以是多媒体的，不仅可以传输文本文件，还可以传输声音、视频等多种类型的文件，打开邮件，电脑屏幕上可能就会出现远方的朋友向你致意的画面呢。正因为电子

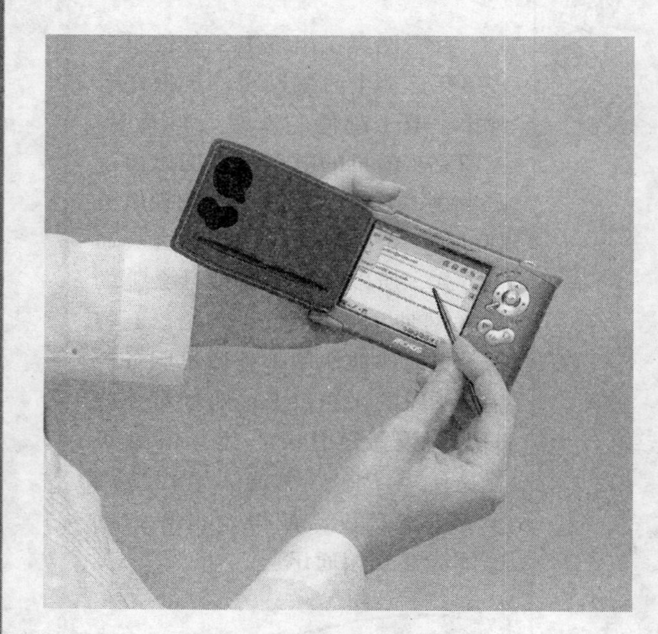

智能手机也能收发电子邮件

通过电子邮件联系

邮件方便、快捷、廉价、可靠的突出优点，它已经成为现在互联网上用户广泛、使用频率很高的一项应用。

我们通常使用的电子邮箱大多是免费的，而谷歌、新浪、网易等著名的门户网站还会时不时地为我们的邮箱扩充容量，我们能猜得到，商家不惜血本推出免费午餐的动机只有一个——赢利，可免费邮箱怎么赢利呢？免费邮箱的扩充需要增加存储设备、服务器、带宽和人力管理等成本。乍看起来好像是一件赔钱的买卖。仔细想想呢，原来，利用邮箱聚集人气，以此为基础挖掘短信、广告等金矿是目前各大网站的主要获利方式，而发掘邮箱本身的潜在价值将成为网站未来主要的发展目

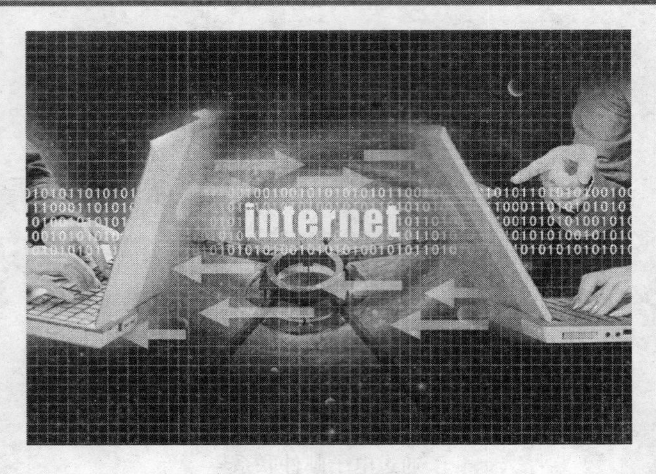

Internet 联通世界

标。例如，新浪邮箱推出的电子杂志就是一种挖掘邮箱潜在利润的方式。

如果说电子邮件还有什么美中不足的话，那就是垃圾邮件的问题了。英文称垃圾邮件为 Spam。Spam 原指一种用猪肉做的午餐肉罐头。在一部讽刺剧里，有一场讲的是有对夫妻去餐馆就餐，妻子不想吃 Spam，她坚持点些别的，可是在餐馆里有一大群人，高声地唱着赞美 Spam 的歌，他们越唱越响，很快在这出戏里所能听到的唯一单词就是 Spam 了。从此人们将泛滥成灾、喧宾夺主、剥夺他人选择权利的行为称为 Spam。随着国际互联网的普及，这个词又成了垃圾邮件的专用名词。垃圾邮件

现在还没有一个非常严格的定义。一般来说，凡是未经用户许可就强行发送到用户邮箱中的任何电子邮件都属于垃圾邮件。

随着电子邮件的发展，垃圾邮件也越来越猖獗。据统计，全球电子邮件中约有80%为垃圾邮件，这浪费了人们大量的时间。2008年，垃圾邮件给中国带来了大约68亿元的损失。人们为了对付垃圾邮件想了很多办法，比如编写出垃圾过滤器之类的程序。如果我们采取了一些措施，加了一些过滤器来限制的话，有可能把垃圾邮件限制在60%这个水平，所以，垃圾邮件恐怕要和我们终生相伴了。

小问题

垃圾邮件给我们带来了哪些烦恼？

怎样能尽知天下事？

“风声、雨声、读书声，声声入耳；家事、国事、天下事，事事关心”。你关心天下事吗？你也许会说，就算关心，我们又怎么可能知道那么多事呢？只要你能正确地利用互联网，就真的能做到几乎无所不知。

在网上看新闻是许多人上网的一个重要目的。可是，你想过网络新闻和我们往常看电视、读报纸获得的新闻有什么不同吗？你

深度报道

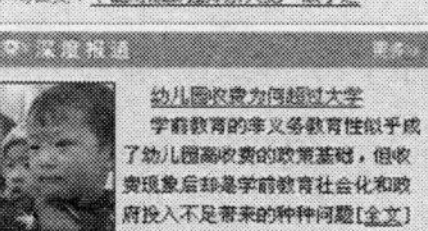

幼儿园收费为何超过大学

学前教育的非义务教育性似乎成了幼儿园高收费的政策基础，但收费现象后却是学前教育社会化和政府投入不足带来的种种问题[全文]

- 郎忠保人生大赌局 是否真的赌输了8个亿
- 安徽脑瘫儿医疗纠纷案十年真相
- 小煤矿暴富神话引爆淘金狂潮
- 还有多少水可供我们挥霍
- 公务员举报国税局后被2次辞退苦熬1年
- 贵州乡村残疾教师跪着教课36年

新闻排行　网友评论排行

- 少女每天被逼卖淫20多次 每次价格15至30元
- 广州市委书记铁腕治理楼市 自称震撼产商惊恨
- 上海南京杭州等12个大中城市2月份房价下跌
- 女子为寻求刺激冒充大学生卖淫
- 山西太旧高速公路滑坡路段路基仍在沉陷
- 《机动车交通事故责任强制保险条例》发布
- 金正日妹夫考察京鄂粤 据称金正日被中国震撼
- 火箭官方：姚明数据令人赞叹 第四年达到期望值

更多排行>>

新闻回顾

新视点：出租车调价谁的贡献大　更多国内新闻

国际新闻　**139国际漫游业务　全球通 GoTone

- 利比里亚前总统泰勒在尼日利亚北部被捕
  以前进党赢得大选 哈马斯称奥尔默特当选是宣战
  共同社称日本提前秘密筹备伊战意在朝鲜问题
  美国提出联合国会费改革建议 美日欧会费将减少
  白俄罗斯驳斥卢卡申科生病传言
  西方就伊朗核问题让步 五常拟30日前达成一致
  白宫将查韦斯列为威胁美国安全的危险人物
- 卡米拉访问印度险出丑(图)　美列装台风战机(图)
  萨达姆接受采访称应割掉前副总统的鼻子耳朵
  日本驻华新大使成右翼盯防目标　更多国际新闻

财经·科技·汽车·房产　AMD

- 美联储提息0.25%至4.75% 伯南克首度操盘加息
  沪指29日站上千三 盘中创反弹新高 关注地产股
  四大银行携法院造假160亿 交行收到A股上市批复
  郑州律师状告佳洁士 高露洁14天不美白可以索赔
- 联通全国换标 今年为转型关键年 李刚亮相 评论
  专家称15及18号段不会给3G 重庆159特号卖10万
  欧盟威胁封杀Vista 100美元笔记本明年在华上市
  专题：今天上演日全食 实况录像回顾 动画 评论
- 思迪售9.68-12.48万元 旧爱新宠你买车选择谁
  房价上涨5.5% 地方政府垄断导致高房价　更多新闻

专题

消费税政策4月调整
成品油价06年首次上涨
普京访华
乌克兰 以色列大选
出租车调价
日全食再现上演
香港警察人行搜街开始
新浪世界杯网站开通
欧洲冠军联赛1/4决赛
张国荣去世三周年纪念
索诺斯报告
两性健康心理测试

精彩图片

客场惨平小罗表情复杂
华赛获奖作品展播
南京举办新美人海选

今日天气

北京
4℃～20℃
定制其他城市　更多

新浪网新闻频道

纸质媒体最早诞生

能够从互联网上获得最准确的新闻吗?

网络新闻区别于传统媒体新闻表现得最明显的地方在于它的及时性。假如刚刚发生了一个爆炸性的新闻，报纸最快也要等到第二天才能刊登出来，广播电视顶早也要几个小时以后才能播发，而在互联网上，几乎马上就会有人发布，而且会迅速传播开来。拿2012年5月28日唐山4.8级地震来说吧，事件一发生，各种微博立刻相继出现消息，而媒体网络报道也仅延后10分钟，图文并茂，生动翔实。这就明显体现出了网络新闻在及时性事件报道上的优势，传统方式就做不到这么快。

我们在阅读了网络新闻以后可以及时与

作者甚至与新闻当事人互动，我们可以随时发表评论，话语权在这里是平等的。就算我们是无名的小字辈，我们同样也有在互联网上发言的权力，而且，如果我们的评论观点鲜明、论证深刻、文字生动，还可以获得许多人的认同。传统媒体上别说没这么方便，也是不可想象的。看看新浪的新闻我们就知道了，在一条新闻后面的评论往往有数千条之多，这是任何其他媒

媒体的形式

现在公认有五种新闻媒体形式：第一媒体是报纸杂志，第二媒体是广播，第三媒体是电视电影，第四媒体是网络，第五媒体则是手机短信。纸质媒体因其诞生最早，所以一直被正统地视为主流；但从影响上看，受众最多的是电视；而网络的优势在于它集报刊、广播、电视三大传统媒体的主要特点于一身，因此一些专家断言，网络媒体必将发展成为新的主流媒体。

第五媒体——手机短信

体形式都不能取代的，对于一些有特殊意义的新闻，这些评论还往往能够提供新的有价值的信息。所以有人感慨“网络新闻后面的评论才是最有价值的”。

网络新闻虽然具备与众不同的优势，但同时它的问题也很明显。这些优势往往也就成了它的缺陷和弊端。比如网络新闻的“失真”就不是什么稀奇的事，可新闻传播的核心问题正是要去维护新闻的真实性，不真实的消息有什么意思呢？在网络传播的条件下，这种问题显得更突出了，而且解决起来恐怕也是千难万难吧。

对于个人来说，要分辨哪条新闻是真哪条是假，是对判断力的一种考验。在我们阅读网络新闻的时候，可以把整个互联网作为我们的背景资源库，相关的链接可以帮助我们很快了解一个事件的前因后果，建立整体的认识。这在传统媒体中也是很难实现的。在很多情况下，一条新闻没有办法告诉人全部的事实，它只传达出最新的真实信息，而且新闻作者的个人倾向也掺杂在里面，这都很容易给人造成误导。所以我们借助网络新闻的相关链接，借助适当的搜索，可以最大限度地避免传统媒体的片面事实给我们造成的误导，也会帮助我们判断那些耸人听闻的消息可信度到底有多少。另外，选择具有权威性的消息来源也很重要。

网络新闻中存在的弊端是什么？你能想出解决这些弊端的好办法吗？

你用过在线字典吗？

互联网上有各种各样的在线字典和词典。这类词典与传统的纸质词典相比，有许多让人惊喜的特点。

首先，它的新词汇较多，新词汇增加起来较快，因为它的词库可以经常更新，像许多互联网上新产生的词汇通常就都能查到。这一点是传统词典根本不能企及的。不用说，它的词汇量非常之大，一个好的在线查词的网站可以囊括一大套词典

传统字典

在线词典称得上全球语言通

的全部内容。

它使用起来也更为方便。比如你要通过在线的汉语字典网站查一个汉字，那么你不仅能看到这个字的读音、意思、能组成的词，

还能看到这个汉字在古代汉语中的用法，它在古代的书里是怎么说的，如果你想打破沙锅问到底的话，你甚至还可能知道它是不是在甲骨文里出现过！想想如果过去你想知道这些内容，你需要查多少本词典啊？这些远不是一本甚至几本辞海能告诉你的，而现在，你只需要用鼠标轻点几下就全部解决啦！

另外，网络上还有很多非常专业的字典。它的覆盖面非常广，包括电脑、科技、医药、艺术、法律等这些我们比较熟悉的门类，还包括冶金、机电等那些我们不太熟悉的门类，甚至还有专门的股票期

网络字典几乎覆盖了各种专业字典囊括的词汇

货和军事用语的字典呢！

还有一种词典叫桌面词典，你只要让它保持在后台运行，它就可以随着鼠标的指向时时对词语进行识别并翻译，如果你想做进一步的了解，那么只要点开它就可以进入浏览相关的链接。

你用过“金山词霸”吗？

它是中国人自己研发的字典类软件，目前已经发展到了 2012 版，其中的词典总数超过 50 本。现在，它集成了强大的网络功能，可以说，已经把传统软件和网络紧密结合起来啦！它可以定时更新最新词库、网上提交最新单词、定时更新界面，还能随时下载功能插件。如果你想学习英语的话，金山词霸真的可以帮你不小的忙呢！

金山词霸

小问题

传统字典有什么好处是网络字典所没有的呢？

怎样通过网络教育学习知识？

国外的在线教育已经相当流行，很多大学都开设了在线教育课程，你可以选择世界著名大学的公开课程，而且几乎是完全免费的。我国现在已经出现了许多专门的教育类站点。当然这类站点又可以分为许多种类。比如，大学、图书馆、教育考试机构、在线

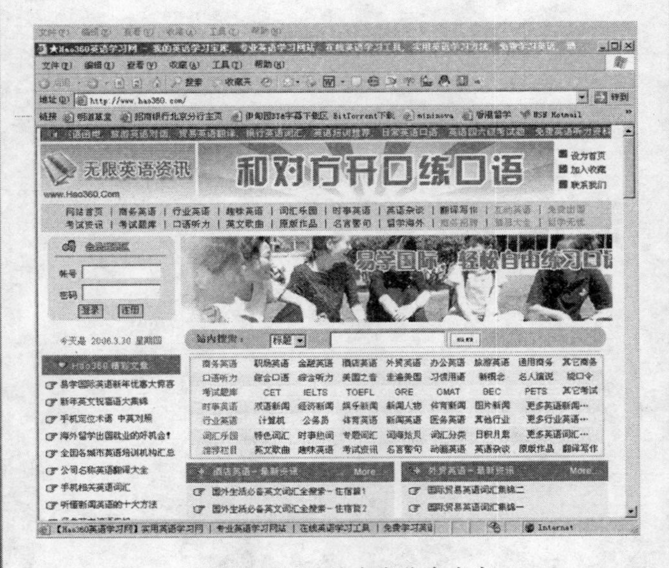

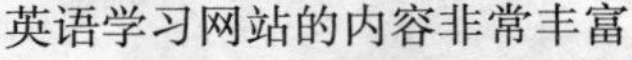
英语学习网站的内容非常丰富

网络教育已经成为一种产业

教育站点等。每个人可根据自己所学专业结合自己的实际情况选择适合的站点。不过，我们国内目前的在线教育还存在许多问题，还需要进一步发展和完善。

网络教育有两种形式可以选择，怎么样选择取决于你的需求，一种由教育部门承办

最早的远程教育

17世纪英国有位传教士，他的布道很受所在教区的欢迎。因声名远扬，四方信徒纷纷邀请他去传经布道。他分身无术，于是他把他的讲话写成文字并分发各处宣读，由此开创了函授教育的先河。这也许就是最早的远程教育了。

的，需要交纳一定费用，由特定老师进行教授的课程，这种课程往往具备一定的资格认证，需要参加考试并可以取得资历证明；另一种形式的网络课程无论是学校和社会都可以开展，有一些世界名校把自己的课程全程记录并上传到网上供全世界的人观看学习，比如哈佛大学的“幸福”课，中国的一些大学现在也会上传某些学科的教学视频，这些课程受到了大家的追捧，还有一种是媒体或是公益组织请专家学者作讲座，这种讲座由于受众面广，讲授内容浅显易懂而又不乏深度，让人在娱乐的同时获得知识，受到广泛

的欢迎。

网络信息可以实时快速传递，网络教育使教育者和受教育者可以位于不同的地方。这是网络时代的一种新型的教育方式，可以使更多的人比较方便地得到教育，获得更多的知识。

现在假如你想通过上网学英语的话，那可最方便啦！在学习英语的综合网站上，你的听说读写各方面能力都可以得到锻炼，而其中使用的资料有正规的教材知识，有名著、经典影视、经典或流行的歌曲，当然更

最初的远程教育来源于宗教布道

通过网络学习

有各个方面的时事新闻。这些都会让我们感到学习英语不再那么枯燥无味，许多学习中遇到的问题也不用再羞于问人，因为在这里我们自己都能找到大多数问题的答案，看电影、听音乐、练习听力可比以前有趣多了！

小问题

你知道哪些教育网站？你从那里又学到了什么呢？

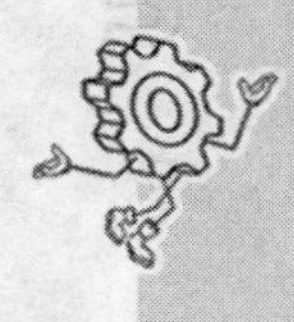

怎样通过互联网购书、订杂志？

书籍是最适合在互联网上直销的商品之一。一个个网上书城的成功奇迹，对传统的书籍销售方式带来巨大的冲击。网上书店24小时营业，无需我们读者路途奔波、鞍马劳顿，也避开了传统书店的拥挤和嘈杂。我们只要在互联网上选中图书，在很短的时间内新书就直接送到了我们的手里。

传统的书店

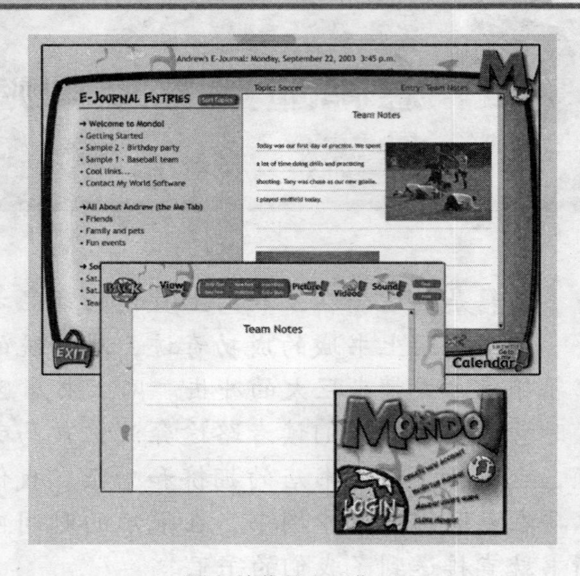

图文并茂的电子期刊

一般的网上书店都会提供几十万册的图书和音像制品，以及全天候的在线查询、订购和在线安全支付的服务。它对所有消费者开放，是一个真正的全年无休的书城。逛网上书店可以享受诸多便利：图书快速查询；根据所需条件进行图书的组合查询；智能电子导购服务等。通常对注册的消费者还会提供折扣优惠以及享受新书通告预告的服务。

互联网上还有许多专门卖旧书的书店。有时候我们还能在那里碰到很难寻到的绝版书呢！旧书有旧书的好处，它们性价比高，虽名为“旧书”却不一定很旧，书的内容一

点也不少，而价钱要便宜得多。

除了在实体店购买杂志外，你也可以选择在网上订阅杂志。你可以选择购买纸质的杂志，在网上填写订单杂志就会如期送到你手中，你也可以选择订阅电子杂志，电子杂志不仅仅省去了邮递的时间以便让你早些看到杂志，携带起来也更加方便，你可以把它放到平板电脑甚至手机上，而且由于介质的不同，电子杂志的形式可以更加多样，其中可以插入视频和音乐供人们观赏。电子杂志还有一点好处，那就是可以放大杂志中的插

世界最大的书店

现在美国最大的、也是世界最大的书店已经不再是传统意义上的连锁销售书店，而是网上书店。正如亚马孙河是世界上最大的河流一样，亚马逊书店是网上最大的书店。它的书籍销售十分兴旺，2004 年它的年销售额接近 70 亿美元，购书用户遍布全球。

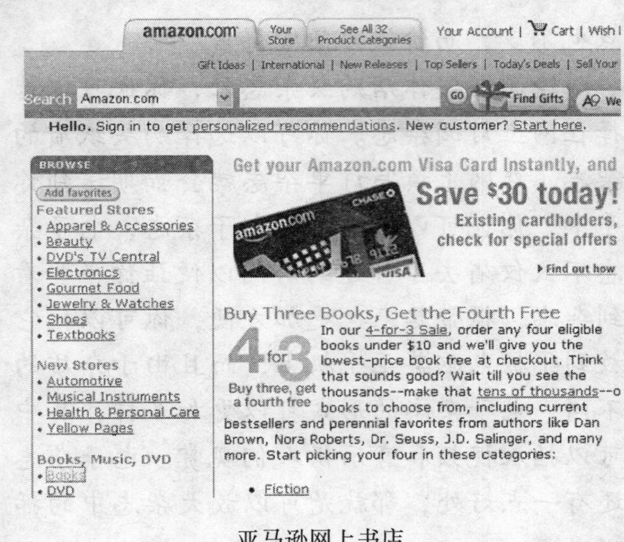

亚马逊网上书店

图，这样一来就可以很清晰地看到图片的细节。有一种特殊的电子杂志可以全息式地观看插图，这样你就可以自己选择角度和位置，看到更多的内容。现在很多人选择阅读专门为手机推出的电子杂志，在手机上你就可以下载整本杂志，随时随地享受阅读的快乐。

从1995年美国推出了第一份电子杂志《今日网络营销》起，电子杂志发展到现在，已经涵盖了许多领域，有专业性强的网络技术、财经股票等专题，有非常生活化的娱乐新闻和休闲话题，有帮助学习英语和网页制作的杂志，还有专门提供文学

艺术鉴赏的门类。这些电子杂志多数都是免费订阅的，而时效性、可读性、专业性、娱乐性和服务质量就成了判断不同电子杂志高下的标准。

小问题

你尝试过在网上订阅杂志吗？网上订阅杂志有什么优点呢？

网络对旅游有什么帮助？

你喜欢出门旅行吗？中国人有句古话说：读万卷书，行千里路。就是说，多出门走走看看就像读书一样会增长智慧、充实生活。那么你平时是怎么出去旅行的呢？你利用过互联网吗？你也许会说，旅行要靠双脚去走，网络只是虚拟的世界，会对出行有什么帮助？当然有帮助啊！

有了互联网，当我们再打算出门旅行的

出行前通过网络预订好往返机票，在机场只需用身份证件确认即可

通过网络可以查询目的地的交通情况

时候，可以不妨先通过互联网进入某个旅游信息网站浏览一番。

网络旅游服务的主要内容一般可以分为咨询与预订两大部分。就咨询而言，浏览者通过网络可以查询到全国各地乃至世界各地的主要旅游目的地的游、购、行、食、住、娱等旅游要素信息，掌握旅游界的最新动态，在需要时还可以查询到旅游行业管理信息以及国家旅游行业管理的各项法规、政策。就预订来说，可提供网上订房、网上订餐、网上订机票、网上订演出票等旅游配套服务，并且可以进行网上支付，足不出户就可以把旅行前的一大套烦琐事项安排妥帖。而且还可以通过互联网查看消费者对旅店房间、景点等项目的反馈，让人们能更好地进行选择。同时，有些网站还实现了旅游者投诉与行政处理的全程网络管理，这样我们旅游者就没什么后顾之忧啦！

同过去没有互联网的时候相比，网络为我们旅游究竟带来了什么变化呢？

首先是方便。所谓出外旅游的种种不方便，主要原因还是信息不充足。假如你第一次到北京，不知道该去什么地方游玩，要去

旅游网站能帮助我们做什么？

旅游网站可以为旅游者提供一些非常精确、实用的信息，大到旅游胜地的介绍、路线的确定、酒店、机票火车票的确定信息，小到货币兑换地点、买票、菜谱、游船的地点时间、景点开放时间等等，这些信息将会为旅游者提供极大的帮助。旅游者可以随时上网查询有关景点、交通、餐饮和购物信息，用来拟订旅游计划。

通过网络还能预定酒店

一个地方不知道该到哪里乘车，遇到急事不知道该找谁帮忙，当然会感到不方便啦！如果你能够充分地利用互联网，那它早就告诉你北京有哪些“吃、住、行、游、购、娱”的好地方、你应该怎么去、应该注意些什么问题了。比如，有一家美食网站上罗列了北京最有特色的20家小吃，甚至连价格都标了出来，喜好美食的人去北京后自然就能够按图索骥，心中有底了。

其次是便宜。如果你一个人出门旅行，机票、宾馆的房间、旅游景点的门票都价格不菲。借助旅游网站，在时间和空间上分散的旅行者，通过互联网这个平台联系起来。这样你个人的旅行就变成了“集体消费”。

这样一来，网上旅游就实现了他们广告里说的“低廉又便捷”。有时候，通过旅游网站订房间的价格可以享受50%以上的优惠，而且还可以预留房间，何乐而不为呢？

第三个是个性化。利用网站提供的信息，很多网友都会在网站上写下个人的旅游经历，这些文字真是太有价值了。参考这些游记我们就可以事先选好走什么路线、住哪里、什么时间到哪里玩、到哪里买什么东西。这样的计划完全符合你自己的爱好和品位，可谓是真正的自助旅游。

现在你知道了吧？有了网络，你可以在出行之前就对目的地了如指掌；即使你没有时间出去旅游，也可以借此了解各地的风土人情、名胜古迹。总之，互联网会给我们的出行带来极大的方便，减少了人生地不熟的风险，也可以和许多朋友一起分享你的探险经历呢！

小问题

你能尝试一下借助互联网的帮助，为自己设计一次自助出行的线路吗？

你会看网上地图吗？

你有几张地图？一张，两张，还是三四张？即使你是一个喜欢旅游、喜欢收集地图的人，也不可能因为一张地图的缘故，就能熟悉一个完全陌生的地方。因为再详细的地图册也会有各种各样的限制。即使买一本最详细的地图，恐怕也查不出一个小小的新路段、新区的方位，传统地图的改版往往跟不上现代城市发展而带来的地

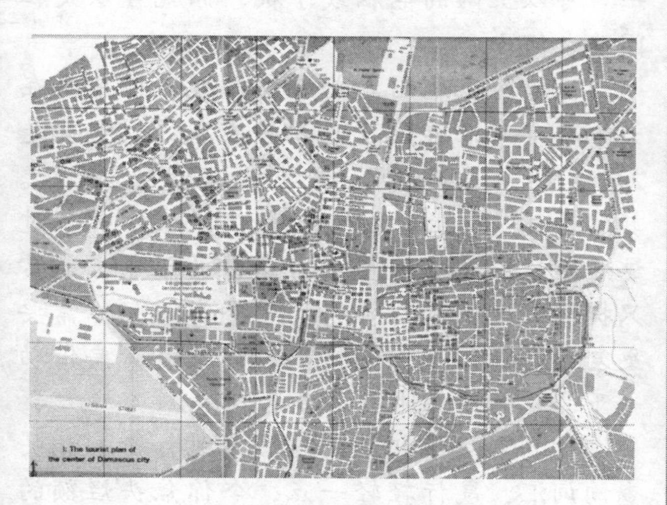

方便快捷的网上地图

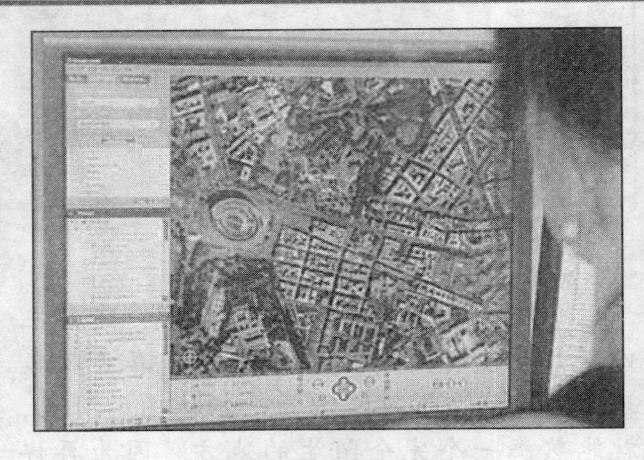

网络地图的详细程度非常惊人

名变更。要想随时随地对各个地方一目了然，那就只有到网上查地图了。可以说只要有了一台可以上网的电脑或手机，你就可以大胆问路在何方。

说起网上地图，或许我们有一样东西在大中城市、旅游区等地方早已见过，它就是“旅游通”、“××通”一类的电子查询系统。其实这就是网上地图的一种“简化版”。不过这种市政设施在使用上有诸多的限制，通常只提供查地图和看资料的服务。假如你需要更复杂更详细一点的情况，你就有必要借助一下真正的网上地图的力量了。

你只需登录相关的地图网站，输入相关查询词汇，鼠标轻轻一点，令你焦头烂额的难题可能就迎刃而解了！你也可以在相应的

查询栏中输入你的“出发点”和“目的地”，那么两地的交通线路就一目了然了。你还可以在显示的地图上直接点击相对应的地点，它就能为你提供详尽的辅助资料。“百度地图”、“谷歌地图”等就是比较有名气的网上地图网站，还有各地的“公交网站”。现在除了旅游地图以外，还涌现出了“商务地图”、“金融地图”等具有更强针对性的地图。

什么是“遥感”？

“遥感”，顾名思义，就是遥远的感知。地球上的每一个物体都在不停地吸收、发射和反射信息和能量。其中的一种形式——电磁波早已经被人们所认识和利用。人们发现不同物体的电磁波特性是不同的。遥感就是根据这个原理来探测地表物体对电磁波的反射和其发射的电磁波，从而提取这些物体的信息，达到远距离识别物体的目的。

现在，很多手机网络地图是立体的，轻轻点击，就会随着画面步步深入，真的如同置身地图之中一般。手机地图利用全球卫星定位系统、地理信息系统和遥感技术，不但可以提取城市土地利用现状的信息，也可以

从数字地球软件上可以查看城市地形

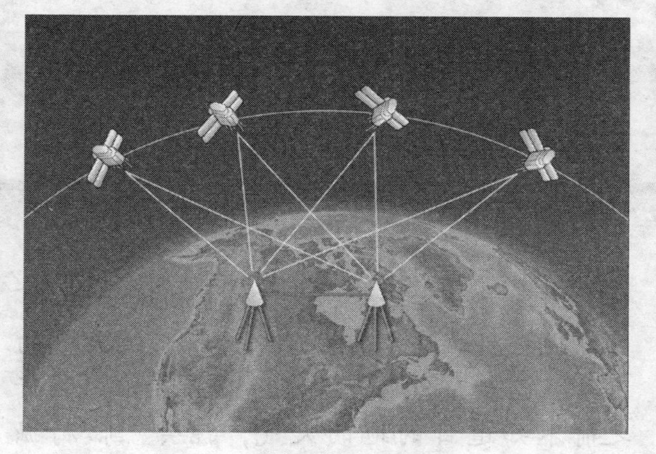

全球卫星定位系统

利用不同历史时期的卫星影像，反映土地利用的变化情况，它甚至能够利用高分辨率的卫星影像提取出城市中楼房的轮廓和高度的信息，建立起三维的城市景观。只要你愿意，就可以清清楚楚地看到故乡的屋顶！

小问题

网络地图应该怎么使用？

你能在出门前预知天气吗？

中国有句古语说，“天有不测风云”。可是从现在科学技术的发展来看，预测天气的准确性已经在80%以上了。如果在出门旅行之前不知道目的地的天气，就会“临渴掘井”，耽误了宝贵的时间不说，还会带来很多不必要的麻烦和尴尬，更重要的是，会把我们出门的好兴致都破坏殆尽了。可过去我们怎么才能知道天气呢？读报纸、听广播、

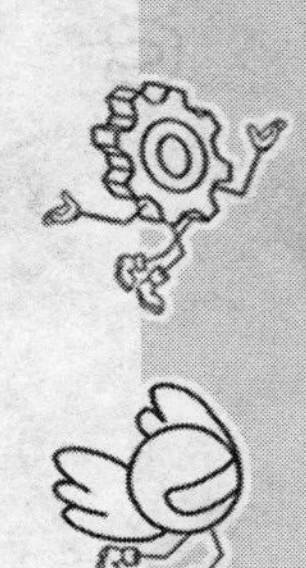

出发前知道目的地的天气状况，可以有备无患

网上气象图

看电视？这些方式都有很强的时间限制，而且顶多也只能预报一两天的天气状况。现在网上天气查询能让我们更及时更准确地了解千里之外的“风云变幻”，使天气不再成为我们出行、旅游的障碍。

在网上查询天气非常之便利，在你进入到相关的气象网站后，网站会根据你的 IP 地址自动识别出你所在的地区，显示出未来一周的天气情况。在有的搜索引擎上打上“天气”两个字再按下回车，也可以很直观地在搜索结果最明显处看到天气情况。当然你也可以选择时间和地区进行搜索。现在的气象服务不仅及时准确地提供气象信息，还非常人性化，会根据天气状况提醒你穿什么衣服最合适。

气象服务的网站提供的天气情况非常细致，不仅包括温度变化，阴晴风雨，还有闪电、台风、紫外线强度、空气质量指数的预报外。除了预报外，你还可以查询到历史数据。在中国气象局的网站，你还能看到一系列的指数，比如旅游指数、穿衣指数、防晒

什么是天气预报?

天气预报就是对未来一段时期内天气变化的预先估计和预告，是根据大气科学的基本理论和技术对某一地区未来的天气做出的分析和预测。天气预报的时限分为1～2天的短期天气预报，3～15天的中期天气预报，以月、季为时限的长期天气预报，而1～6小时之内则为临近预报。

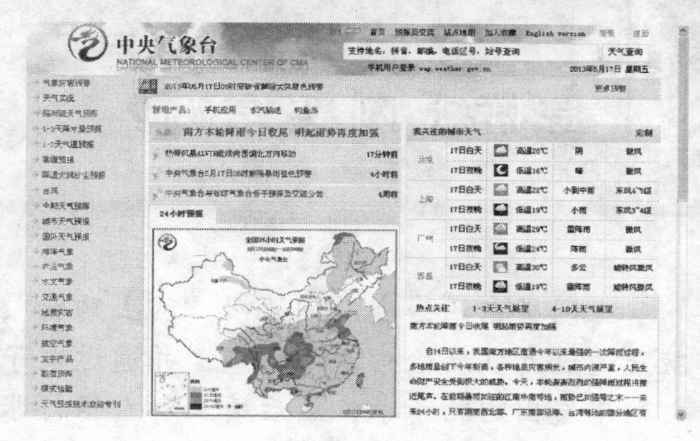

中央气象台网站的主页

指数、风筝指数、感冒指数等。由于天气的变化对农业收成有着很大的影响，因此气象局还有专门针对农业的预报。除此之外，还推出了各种极端天气的预警，以尽可能地减少灾害天气对人们危害。

小问题

你注意过天气预报的准确性有多高吗？

怎样上网买东西？

上网买东西，专门词语叫“网上购物”，就是通过互联网检索商品信息，并通过电子订购单发出购物请求，然后填上私人银行账号或信用卡号，厂家或供销商就可以通过物流公司发货，或是通过邮递方式送货。如果你没有银行账号或者不方便付款，你也可以选择货到付款服务，由快递员代收货款。

网上购物跨越了时空的限制，给商业流通领域带来了非同寻常的变革。网上购物可以选择的商品种类繁多，小到一副眼镜，大

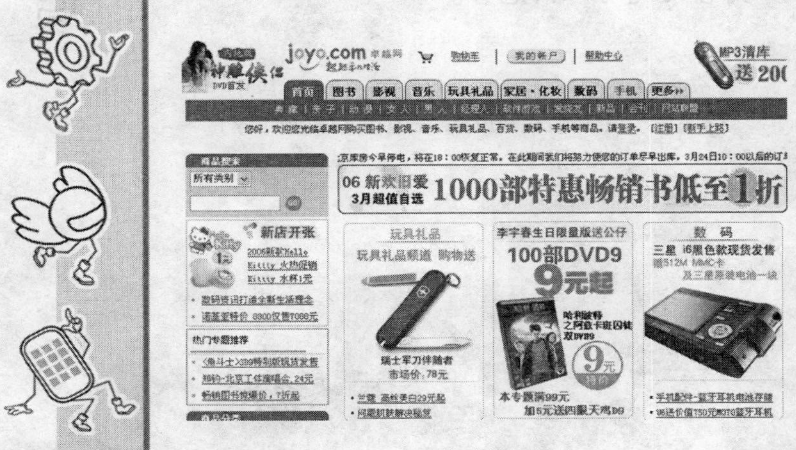

一个购物网站

商场购物

到一台洗衣机，只需点几下鼠标，它们就会及时地送到你的家中。

网上购物最明显的好处是提高了“购物效率”，方便省时，能用最短的时间挑选到最称心的商品。逛商店只能一个一个地逛，就算你不辞辛劳，一天下来也只能跑几个大商场。而在互联网上情况就大不一样了。你通过搜索调出某一类商品，就可以浏览多个网上商店所有相关的商品；你选定了要买的货物，又可以迅速比较不同网上商店的产品售价。发出订单之后，就可以静等送货上门了。十分钟就能安排好原本奔波一天才能完成的任务。

网络购物可以查看每件商品的图片

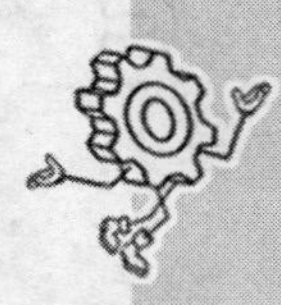

网上书店与实体书店共赢

随着网络书店的兴起，很多读者开始从网上购书，国外读者甚至开始大量购买用阅读器阅读的电子书。对于这种趋势，一开始实体书店着实是惊出了一身冷汗。可是，国内的一项调查表明，很多读者仍旧保持着到实体书店购书的习惯，甚至是在网上看简介，而到实体书店购书。实体书店的收入不但没有减少，反而增加了。如此看来，短时间内，网上书店和实体书店是皆大欢喜了。

网上选购商品通常价格也会更便宜，可以节省开支。这是为什么呢？其实原因很简单，因为网上商店用不着有富丽明亮的店堂，也用不着聘用大量的店员，这样就省去了可观的装修费、水电费和高额的店面租金，也节省了员工的工资和福利金，从而大大降低了经营成本；另外也有厂家进行网上直销，减少了流通领域的中间环节，没有了多级运营成本的加价，商品价格自然就便宜了许多，消费者自然从中受益。

另外，网上购物实现了人们梦寐以求的远程购物，能方便地买到离我们居住地很远

系统登录

电子支付卡

欢迎登录中国农业银行客户服务系统，

请输入银行卡卡号、密码和图形验证码，进行电子支付卡申请或维护：

银行卡卡号：

银行卡查询密码：

图形验证码：

65581

确定 取消

密码输入键盘

6 7 3

0 4 5

1 2 9

8 退格 清除

请使用软键盘输入查询密码

网络支付

的地方出产的东西，这是人们梦想很久的事情。“一骑红尘妃子笑，无人知是荔枝来”。在古代，享受远方的土特产可是极少数贵族才能享有的特权啊！现在登上互联网购物，我们也可以享受一下这种特权和雅兴啦！但是网上购物也存在着一些问题，有些不良商家以假充真、以次充好来欺骗消费者，这就要求你在选购货品的时候小心谨慎，商家的信用等级以及消费者的评价都可以当作判断的依据。

小问题

网上购物与到商场购物相比有什么好处呢？

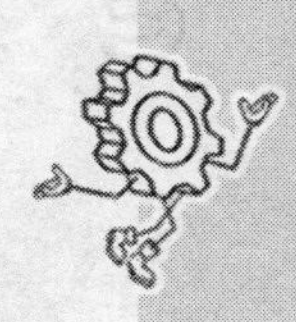

上网怎么炒股票？

如果你在 10 年前去股票交易大厅，映入眼帘的场景常是人头攒动，气氛紧张。那个时候，证券交易所的发展速度总是赶不上股民增加的速度，各地的证券交易大厅几乎都是人满为患。而这几年来，如果你去股票交易大厅，你也许会惊讶地看到，大厅里的人三三两两，丝毫没有往日的那种繁荣景象。这是为什么呢？原来，经过一段时间的发展，网上炒股已经后来居上，成为人们炒

上网也能炒股

香港股票交易所

股的首选方式。

“网上炒股”特指通过互联网进行股票交易。网上炒股的最大特征是能在网上实时进行交易，是交互式的信息交换。上网炒股，只要在电脑上安装专门的炒股软件，通过这种软件再与互联网连接，就可以方便快捷地实现分析、咨询和交易等功能。

以前，证券公司的客户的地域性很强，人们总是选择靠近自己住处的证券公司就近开户。这很容易理解，按照传统的方式，股民需要天天去证券公司营业部。那么你肯定会选个离家比较近的证券公司。所以，每一个证券公司聚集起来的客户，其实多是这一社区里的股民。

可是，各个证券公司的服务质量、服务设施是参差不齐的，如果你过多地从地理位置来考虑选择证券公司，就可能不得不忍受证券公司的服务不周。上网炒股就打破了这种旧有的观念。在网上，我们可以自由享受各地的证券服务。这种“零距离”使我们在券商选择上可以有公平合理的环境。

电话委托也是炒股的重要方式，人们通过电话可以发出指令进行买卖，也很方便。但是网上炒股比电话委托更有一些优势。网

我国的证券交易所

我国第一个证券交易所是1916年在武汉成立的汉口证券交易所，这也是中国人自己创办的第一家证券交易所。而新中国的股票正式交易是在改革开放以后开始的。1990年12月，上海证券交易所成立，1991年6月，深圳证券交易所正式运作，拉开了中国股票交易的序幕。早期发行的股票都有股票实物，其中的几种现在已成为收藏界的珍品。

深圳证券交易所

络提供的咨讯是全方位、互动的。我们可以在网上查询到任何一家上市公司的详细资料，包括它股票的走势和所有的分析图表。在下单之前还可以查询到多个专家对这支股票走势的看法。而在电话里，这些服务就难以进行。而在网络炒股时，如果你有什么问题，还可以在网络聊天室里向专家或者其他股民网友提出。在与券商进行交易的时候，你的操作界面是图形化可视的，所以更直观、更方便，也更准确。

由于网上炒股的方便快捷，越来越多的人选择网上炒股，曾经一度网上炒股非常不成熟，存在着安全隐患，有因为操作不当出现股票买卖失误的问题，甚至还有被人盗卖股票的现象，造成了严重的损失，但是由于

系统现在逐渐具有越来越高的稳定性和安全性，上网炒股已经成为人们理财的一个重要的方式。

另外一种炒股的方式也悄悄流行起来，那就是手机炒股，你可以通过手机装载应用程序来时时查看股市的变化，同时你也可以通过手机买进或是卖出股票，当然也可以通过这个软件和别人进行交流。这种手机上网炒股的方式最大的特点就是不受地点的限制，摆脱了电脑的束缚，只要你的手机能连接网络，就可以在吃饭的间隙或是大山深处进行炒股。当然，安装相关软件的平板电脑也能实现这一功能。

小问题

网上炒股存在什么风险？

能通过网络找到工作吗？

网上求职是现代人求职择业、实现自我价值的一条新途径，借助互联网，人才的利用方式和流动方式将极大地改善。

在互联网普及以前，传统的求职方式无非是看看报纸，找到适合自己的职位，然后把资料寄过去，接着就是漫长地等待通知，再去见面。要不就是去人才市场参加人才招聘会，互联网时代的到来改变了这种被动的求职方式，取而代之是一种全新的互动式的

人头攒动的招聘会现场

"猎头服务"促进了高级人才的流动

网上求职！

我国网上求职的兴起其实有一个明确的契机，就是2003年的那场"非典"灾难。在这之前，网络招聘求职最多还只能说是招聘求职方式的重要补充。正是这场突如其来的灾难，让网络招聘求职方式成了招聘求职的一大重要手段，其招聘求职规模和招聘求职成功率已直逼传统招聘会，有的甚至超过了传统招聘会。从这以后，原本处于新兴地位的网络招聘求职方式就名副其实地走向了招聘求职的主流地位。

网上求职其实是两个方面，就是"供"、"需"双方在网络上的相遇。所谓"供"就是求职的一方，是劳动能力的提供者；而“需”自然就是用人的企业或公司，是对人才有需求的一方。求职者与招聘者在网络上的相遇是一次人才交流的革命，因为双方可以说是第一次真正站在平等的地位上进行双向的选择。

网上求职与传统求职方式相比，具有其

什么叫“猎头服务”？

“猎头”在英文里叫 Head-hunting，字面意思是“狩猎头脑”。在国外，这是一种十分流行的人才招聘方式，中国香港和中国台湾地区把它翻译为“猎头”，所以引进中国内地后我们也称之为猎头，意思即指“网罗高级人才”。“猎头”进入中国内地也就是最近十多年的时间。猎头服务的出现，对于社会经济体制中人力资源的流动和合理配置大有好处。目前，猎头服务已成为企业求取高级人才和高级人才流动的重要渠道，并逐渐开始形成了一种产业。

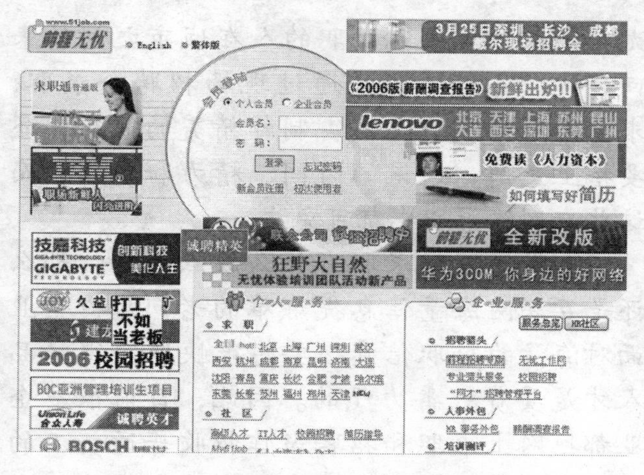

通过网络找工作更快捷

他方式远不能及的优势。网络上的信息量大且更新快。在国内大型的招聘网站里，随时都可以查询数以万计的招聘信息，而且每天更新的职位都很多，关注招聘网站就能在第一时间掌握用人单位的需求。招聘网络平台的功能强大，所以工作效率很高。通过招聘网站，人们可以轻松地对工作类别、地区和需求等条件进行全方位智能查询，可以快速准确地查到所需要的行业、职能、工作地点、工资等信息，当查询到合适的招聘职位以后还可以直接通过网站把简历提交给招聘单位，实在是非常方便。

在网络上求职也不受地域的限制。这无形中就给求职的人创造了更多的就业机会，尤其是免却了异地求职的人在城市之间的来回奔波。另外，如果通过现场招聘会求职，求职的人要花不少钱去制作精美的简历，还要搭上交通、通讯的时间、精力和费用，而这些在网络求职中都可免去。

如果说网上求职有什么缺点的话，那么还是互联网海量信息提炼难的老问题，企业面对海量的求职信息，要想很快地获得精品人才是要费一番力气的。因此，目前很多企业都把网上求职和招聘当作招收普通员工的手段，而关键部门的主管人才需求则更倾向于用猎头的方式解决。

不管怎么说，网上求职这种迅速及时而且双向选择的方式，更适合现代快节奏的工作方式、生活方式，所以，网上求职恐怕是未来最主要的人才交流方式了。

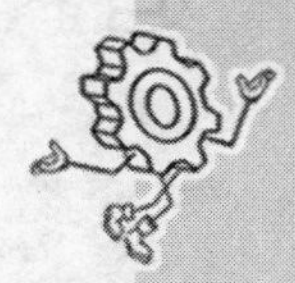

小问题

为什么会流行网上求职呢？

从QQ、MSN到微信，网上聊天为何受欢迎？

在互联网上，我们可以用很多方式进行交流。而所有网上交流方式里最具有吸引力的，恐怕还是即时聊天吧。网络聊天这种新生事物以其前所未有的魅力吸引着越来越多的网民成为它的忠实喜爱者。

在网上进行聊天的方式有很多，在网络聊天进入到人们生活的早期时，聊天室受到了大多数人的青睐，你可以在网络聊天室认识到各种各样的陌生人，和他们进行交流，你也可以选择不同类型的聊天室，比如文学类的、游戏类的、宗教类的、电影类的等

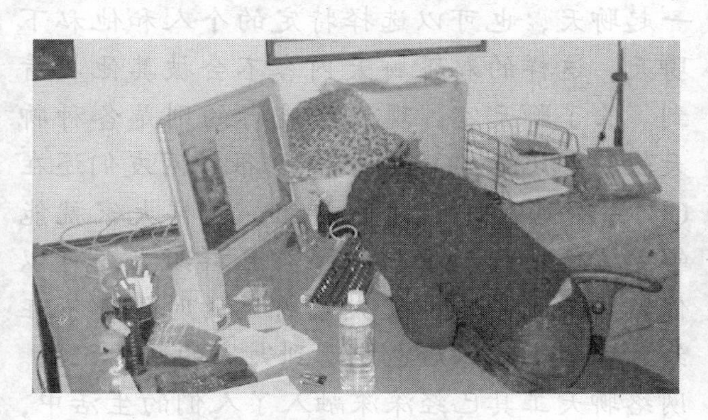

网络聊天突破了陌生人的障碍

MSN 聊天软件

等，很多兴趣相投的人在聊天室里汇集在一起，讨论自己所钟爱的话题。你可以和大家一起聊天，也可以选择特定的个人和他私下聊天，这样的私下聊天内容不会被其他人看到。除了聊天室，现在更流行的则是各种聊天软件，比如 QQ、MSN 等。很多网友们还在 QQ 或者 MSN 上组建了群组，这样大家就能够更方便地畅所欲言了，而且群组上还可以保留聊天记录，即使大家聊天的时候你不在线，等你上线以后也能看到大家的聊天记录。网络聊天工具已经深深融入了人们的生活中，每个月活跃在 Facebook 上人数有 7.5 亿人。

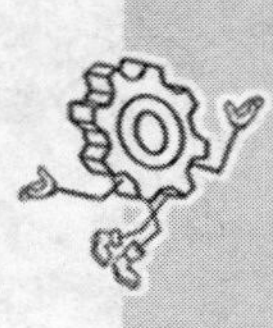

在中国，QQ 的使用率非常高，注册用户已经达到了 7 亿人，实际的活跃用户也将近 3 亿人。在 2011 年同时在线人数甚至达到了 1.39 亿人。

你知道使用频率最高的网络软件是什么吗？就是即时聊天软件。即时聊天已经突破了作为技术工具的极限，被认为是现代交流方式的象征，并构建起一种新的社会关系。更有人把网聊看作是迄今为止对人类社会

网络聊天是谁发明的？

个人网络聊天的真正崛起要从 ICQ 的传奇故事开始。ICQ 源自以色列特拉维夫的 Mirabils 公司，这个公司成立于 1996 年 7 月。Mirabils 这个单词在拉丁文中是神奇的意思，而 ICQ 就是英文“I SEEK YOU”的简称，意思是：我找你。而发明这款软件的是高德菲因格等 4 名 20 多岁的犹太年轻人，他们都没有受过专门教育和培训，在没有任何专家的指导下用了不到 3 个月的时间就发明了 ICQ 这款在互联网上掀起风暴的新软件，这可真是个奇迹。这一款网络即时信息传输的软件，在发明之初就能够支持在互联网上面聊天、发送消息及网址和文件等功能。

网络聊天是与电话聊天不同的对话

生活改变最为深刻的一种网络新形态，认为这种没有极限的沟通将带来没有极限的生活。

互联网诞生于传统的电话网络，通讯交流可以说是互联网天然的应用之一。电子邮件就是最重要的通讯交流工具之一，是互联网最早的“杀手级应用”。此后兴起的网络论坛和网络聊天室都是网络聊天的前身。网络聊天这一功能的实现同许多其他功能一样，需要专门的软件。ICQ 就是所有聊天软件的鼻祖。现在，我们最常用的聊天软件恐怕要数 QQ 或 MSN 了。大部分人只要上网就会开着自己的 MSN 或 QQ。

网络聊天的功能大大地发展了。就拿 QQ 来说，它的功能除了两个人之间聊天，还可

以使用“网络会议”进行多个人之间的聊天；如果你的朋友不在，你可以在这里给他留言，他一旦登录就会看到；你可以用“传送文件”向朋友传送文件，甚至可以传送像影片这样的大文件；可以在“二人世界”用耳机话筒相互传声交流，就像打电话一样，也可以通过屏幕和朋友视频通话。通过QQ可以向手机发送短信，还能向手机传送精美图片、悦耳铃声。总之，网上聊天功能强大，不仅能方便地与朋友聊天，而且还有相应的其他功能辅助，使你和朋友的交流更加丰富多彩！

2011年1月21日，腾讯公司推出微信，使得网上聊天更进一步。智能手机出现以来，人们期待随时随地跨平台的聊天，比如用电脑上网的可以用手机的聊天，同时还可以把用iPad、安卓平板电脑的朋友加进来。

微信是新一代聊天工具的佼佼者

微信就满足这样的要求。

微信的使用很简单，人们对着手机的话筒说一段话，微信把这段话录下来，编成一个很小的音频文件发送到对方的手机上，对方放到耳朵上听一下，就能获得消息。这样一来一回，双方就可以用语音来聊天了。很多时候，人们不想说话，但又不能不回答，就回复“呵呵”两个字，一时间，“呵呵”成了网络流行语。

微信最大的优势在于零资费。它占用的是上网的通道，而且对流量极为节约，几乎不会给用户造成网费的负担。况且，它还可以发图片，发送文字以及共享各种活动等。在手机上网费高昂的今天，微信受欢迎是确实是大势所趋。

即时聊天确实好，可是它对人们对心理影响也确实不小，有些人乐于网络聊天，见了面

微信是一个多功能的网络平台

飞聊是中国移动开发的聊天软件

反而不知道该怎么说话了，也有人因此冷落了家人和朋友。看来，在无所不能的网络面前，我们还是要保留一些本真的生活才好。

现在，即时聊天已经从最初的在聊天室只能用文字聊天发展到了语音聊天、视频聊天，同时，聊天也从最初的专门为了聊天而聊天，发展到了联网游戏或虚拟社区的辅助形式。

小问题

网络聊天有什么危害？

谁的触角最灵敏？

社会调查和统计古已有之。古代，谏臣在向皇帝进谏时，民意往往是最好的缘由；而现代人则说，“没有调查就没有发言权”。

大规模的高效调查统计要归功于计算机的问世。这是因为数量庞大的统计数据只有计算机才可能在短时间内完成全面的归纳和整理，并将结果迅速呈现给我们。因此，各种统计报告和调查结果才得以在十多年来以

与销售活动配合的街头问卷调查

您好：

21世纪不动产正在进行有关济南市房产中介市场的调查研究，为了了解广大网民对房产中介公司的认识和想法，特进行此次网络有奖调查。

“济南房产中介公众谈” 网络问卷调查

1、您的性别　○男 ○女

2、您的年龄　------请选择------

3、您的收入情况　------请选择------

4、文化程度　------请选择------

5、职业分布

○国家机关工作人员　○企事业管理人员　○技术生产人员
○公共服务人员　○农林牧渔人员　○商业服务人员
○IT信息产业人员　○文艺娱乐人员　○教育/传媒人员
○卫生医疗人员　○金融保险人员　○军人
○学生　○无业　○其他，请注明

6、请问在过去三个月里，您是否接受过有关房产中介问题的访问呢？

○是 ○否

7、对房产中介品牌的认知【多选】

□济南佳仕房产中心　□济南百管　□21世纪
□济南晨宇　□济南华通　□22世纪
□我爱我家　□天建房屋置换　□国华嘉阳
□山东普利房地产经纪有限公司　□亿家乐房产公司　□阳光·百盛房产公司
□天歌置业房产　□其他，请注明

8、请问您是通过什么渠道听说或了解到房产中介公司的？【多选】

□报纸　□广播　□电视　□展览会
□广告牌　□互联网　□杂志　□宣传单
□售楼处　□房产咨询机构　□亲戚，朋友介绍　□路边小广告招贴

9、您觉得以下形容词，哪些与目前房产中介行业的形象相符？【多选】

□信息化程度高的　□人员素质差的　□充满机会的
□有前途的　□亲切的　□服务质量差的
□不规范的　□骗人的　□专业性强的
□令人信赖的　□提供的服务物有所值　□有社会责任感的
□用户利益第一的　□充满活力的　□现代的

10、以下是人们有关房产中介公司的一些看法，您觉得与您看法相符的程度分别有多大？

·宁愿自己跑腿也不愿找房产中介

○很不符合　○不太符合　○符合度一般　○比较符合　○很符合　○不知道

·如果房产中介服务周到、完善，收费高一些，我也愿意接受

○很不符合　○不太符合　○符合度一般　○比较符合　○很符合　○不知道

·房产中介的手续太麻烦

一张网络调查问卷

惊人的速度进入我们的生活。如今，互联网的出现和广泛应用又为调查统计提供了更广阔的空间。

网络具有传统调研手段无法比拟的互动性、实时性和方便性。在欧美许多国家，上网的人数已经超过了看电视的人数。网上调查也成为欧美各大新闻媒体和调查机构进行

民意测验的一种流行手段。

我国的网上调查虽刚刚兴起，但已渐成燎原之势。国内最大的门户网站之一新浪网站也利用其在球迷中的地位，与传统媒体合作，在网站上推出体育热点问题调查，他们的调查结果也得到了广泛的认可，中央电视台、《南方周末》、《体坛周报》等众多媒体都

网上广告有什么特点?

你在上网时会经常看到页面上跳出各式各样的宣传广告，这种在互联网上发布的广告即网上广告。它的特点是：多，网上用户人多面广；快，网上广告是开放的，随时可以更换内容和形式；好，网络特有的交互式界面使得广告阅读者与广告主之间不存在任何不必要的距离，能够形成比较好的互动；省，在网上发布广告的费用与其他几种媒体特别是与电视相比，可谓低得太多了；活，网上广告可以图文并茂、声形具备。

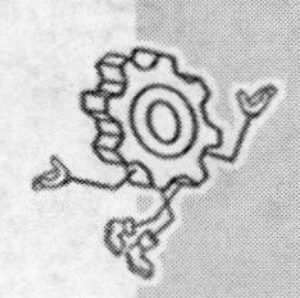

网上广告

曾引用过他们的调查结果。

网上调查速度快，一份调查问卷上网，往往在一两天之内就可以获得大量的反馈，且对结果的统计可以即时进行，这是任何传统调查渠道所无法比拟的。网上调查费用低，不论对调查公司和被调查的个人，都更加经济。同时，网上调查保密性强，网民回答问卷是在独立的条件下通过网络进行，完全不像传统途径那样需要提供自己的地址、电话等信息。就此而言，我们在通过网络回答问题时也就更容易做到开诚布公，因而也就更易于获得在传统调查中很难获得的某些敏感信息。

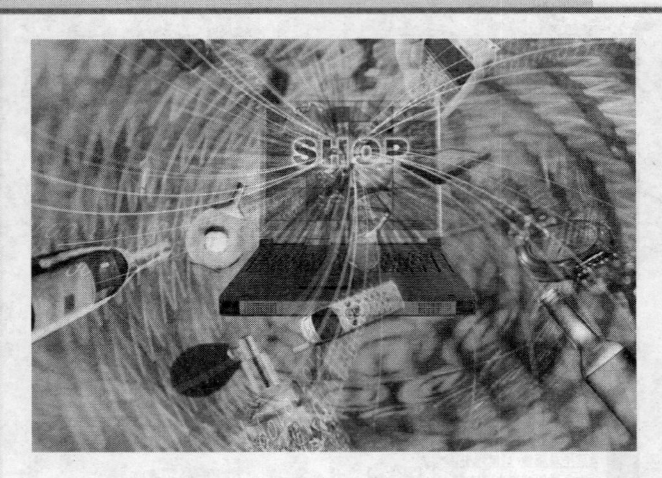

网络广告

同时，与传统调查方式相比，网上调查的参与者更为积极主动，只要是自己感兴趣的问题，通常不会计较报酬，热情诚恳地表达自己的意见。这里的功利性更少，因而得出的结果也就更加纯粹，更加真实。网络作为调查业的新平台，有着强大的生命力。

小问题

你参与过网上调查吗？它的结果出乎你的意料吗？

怎样上网打电话？

在过去很长一段时间里，打长途电话对于我们多数人来说都是一种奢侈行为，越洋电话就更是连想都不敢想了。出现了网络电话以后，“言多必失”的时代彻底结束啦！网络电话可以说是一项革命性的产品，它为我们提供了一个全新的、便利的、经济的通话方式。

网络电话又叫VoIP电话，也就是Voice over Internet Protocol，它利用电话网关服务器之类的设备将电话语音数字化，将数据压缩后打包成数据包，通过IP网络传输到目的地；目的地收到这一串数据包后，将数据重组，解压缩后再还原成声音。这样，网络两端的人就可以听到对方的声音。

从网络组织来看，目前比较流行的方式有两种：一种是直接利用互联网网络进行的语音通信，也就是狭义的网络电话；另一种是利用IP技术，电信运行商之间通过专线点对点联结进行的语音通信，通常称之为IP电话。两者比较，前者的价格更低廉，但全程

网络电话交换设备

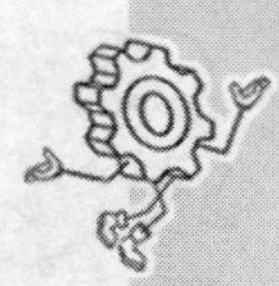

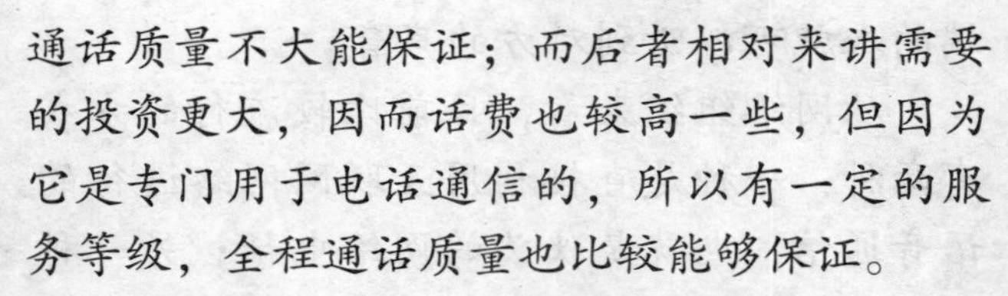

通话质量不大能保证；而后者相对来讲需要的投资更大，因而话费也较高一些，但因为它是专门用于电话通信的，所以有一定的服务等级，全程通话质量也比较能够保证。

网络电话最初的创意是自然而然产生的：互联网主要是用来传输资料的，它四通八达、无处不在，并具有免费传输信息的特点，如

果我们能够利用互联网廉价的上网费用和全世界无处不通的特点来传输语音岂非物美价廉？因此，十几年前，一些有远见的科学家就提出了将计算机和电话通过某些硬件和软件集成在一起，使语音和数据融为一体，并在一个终端上得以实现的技术，这种技术就是网络电话技术的前身。

其实,在互联网上打电话已经改变了我们对“电话”概念本身的理解,克服了带宽问题后,电话就不仅仅是语音的概念了,也许“电话”这个“电”字也要改写,叫作“网话”,叫作“视话”,或者叫作“多媒体话”。借助宽带

用传统电话打IP电话是怎么回事?

我们用普通电话拨打某一固定的号码进入所谓的接入服务器或者叫网关服务器，用户的语音数据经过打包通过网关进入IP网络，被传送到目的地以后再通过网关进入目的地的传统电话交换网络，最后接通目的地的电话号码，电话就打通啦！

网络电话需要安装专门的通话软件

传输的网络电话也被称作宽带电话。目前，国内出现的宽带电话完全抛弃了传统双缆线，借助 VoIP 技术，提供宽带电话业务的电信运营商只要搭建一个融合语音、数据和视频的业务平台，用户就可以利用相关终端与任何电话终端通话。由于所需的交换设备数量比传统电话少，其运营成本大

幅降低，从而形成了天然的资费优势。国内和国际长途的费用能降低到传统电话网电话费用的20%以下。

网络电话为什么会这么流行呢？通过互联网打电话需要安装专门的网络电话软件，而现在的软件大多是根据目前的网络状况设计的，很多软件也正以此为特色，所以即便在没有宽带的情况下还能用，而且感觉还说得过去；而最主要的原因，就是价格便宜。

网络电话让人们不再担心高昂的话费

传统电话价格为什么昂贵？其实原因很简单，无论是打市内电话，还是长途电话，都是在通话双方建立一条专门线路，在通话全程该线路不能被别人使用，所以我们的话费才会这么高。事实上，我们通话过程中并不能做到百分之百地利用线路，专线的大部分资源被白白地浪费掉了。网络电话就高明多了，利用 TCP/IP 协议，传输的是数字信号，一条线路里面可以传输很多路语音数据，这些路语音数据以压缩编码的形式传递，所以通话全程不用特意租用专门的线路，大家都在见缝插针地使用网络，当然就大大节省了通话费用。不过，网络电话有时候会断断续续，那就是因为偶尔也会出现见不到缝插不进针的时候，不过随着带宽的拓展，这种缺点是可以克服的。

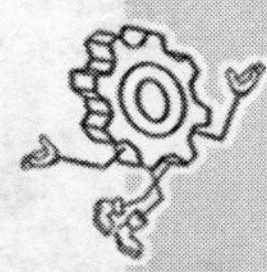

小问题

你使用过网络电话软件吗？不同的软件有哪些特点？

你的手机能上网吗?

在现今的手机市场上，智能手机所占据的市场份额越来越大，那么究竟是什么使得智能手机受到越来越多的人的喜爱呢？原因有很多，最吸引人的或许就是源自基于智能手机的上网功能以及种类繁多的应用程序。

手机上网是手机通过 WAP 协议，同互联网相连，从而达到上网的目的。WAP 协议是一项无线应用协议，它给移动网络制定了一个通行的标准，这项技术把互联网上

苹果手机采用 iOS 系统，上网功能十分强悍

配合网络、GPS 和导航软件，安卓系统手机的导航功能十分强大

HTML 语言的信息转换成适合手机的 WML 语言，GSM、CDMA、TDMA、3G 等多种网络都可以应用。

手机的应用程序很多都需要网络的支持。它提供的这种服务在生活中可以全方位地把你包围，让你的生活便捷而有序。如果你在逛街的时候迷路了，你可以用手机上装载的地图来找到回家的路；如果你要看新闻，你可以通过手机的浏览器方便地浏览；如果你饿了不知道去哪儿吃好，你可以在手机上搜索附近的饭店以及大家的反馈，如果你在工作上有要紧的邮件要回复，手机邮箱可以轻松满足你的需求。如果你想和朋友联系，又不想花费很多的通信费，你可以选择手机上

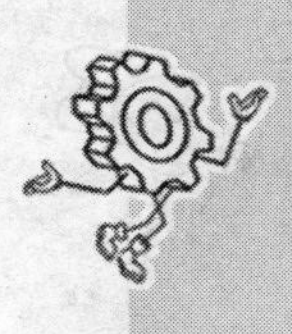

的即时通信工具比如手机QQ、飞信、微信，随时和朋友进行沟通。你用手机还可以实现更多的功能，比如玩游戏、上网浏览、下载视频音频、阅读新闻、购物，等等。

手机浏览的网页和电脑上的网页有时候可能会有些许不同，很多网站专门制作了适合手机的网页，这种网页要比电脑的网页精简很多，但保留了网页站点的大多数功能，而且页面大小适用于手机，这样的网站地址前缀有WAP的字样，当你用手机打开一个网址的时候，有时手机浏览器会提示你选择哪种界面进行浏览，是电脑版还是手机版。

你可以用手机连接2G或者3G网络，和2G相比，3G网络更为成熟，在传输声音和数据的速度上有着很大的提升，它可以在全

有些型号的手机在通过数据传输线连接到电脑后，手机上会提示选择连接的方式，其中有一种就是通过电脑将电话连接到Internet，也就是说电话通过数据传输线共享了电脑的网络连接。

微软公司新推出的 WP8 手机，同样支持 3G 上网

球范围内无线漫游，也具备更好的处理图像、音乐、视频等功能，还有可以提供网页浏览、电子商务、电话会议等一系列的高端信息服务。3G 视频通话的功能也经常会被人们用到。以往人们视频通话时往往利用视频软件在电脑终端上进行。现在有了 3G 技术，人们就可以在手机上直接视频通话了，通话时通过手机的摄像头将自己拍摄下来传送给对方，同时可以在屏幕上看到对方的影像。不过，使用 3G 网络有一个前提，你的手机必须是 3G 手机。

手机还有一大重要的功能，就是玩网络游戏。游戏的质量良莠不齐，不同游戏的画面质量也不同，但不要以为手机上的游戏就会“惨不忍睹”，要知道手机上有很多制作精

良的3D游戏、高清游戏，也有一些有趣的2D游戏，这样的游戏以内容见长，可玩性非常好，同时又具备了趣味性，很多经典的电脑游戏都制作了手机版。

手机连接入网的除了利用手机的通信运营商提供的2G或是3G网络，有的还可以使用WiFi，在有WiFi网络覆盖的地方，只要打开手机WLAN功能，进行连接并输入密码就可以上网，用WiFi上网你就可以随心所欲地看视频、听音乐、浏览图片，还不用担心手机的流量超标了。

小问题

中国目前有三种3G上网技术，分别由中国移动、中国电信和中国联通提供，你能说出它们的区别吗？

上网能听广播、看影视、欣赏音乐会吗？

用收音机收听广播，用电视收看新闻，去电影院看电影，到剧院听音乐会，这是我们许多人的生活享受。现在，所有这些娱乐在互联网上也能做到！

上网如何听广播呢？原理有点类似于网络电话，就是采用一种编码技术，将音频数据进行压缩并传送到网上，然后你再利用相应的解码软件接收数据并还原为声音就行

观看在线电影

其实，不用去现场也能欣赏音乐会

了。之所以称之为“听广播”，是因为这些声音是来自于实时的广播节目。

互联网上有许多网址可以实现网上听广播的功能，所以你如果怕麻烦的话，直接在地址列表里挑选不失为一种明智的选择，有古典音乐、现代音乐、爵士乐、摇滚乐、新闻、谈话节目等，各种音乐一应俱全。以往我们只要有个收音机就可以收听电台的节目，但如果想收听远方电台的节目，就会受到地理条件、天气情况等因素的制约，而进入了互联网以后，我们就可以自由收听到世界各地的网络广播节目，再也不用受那些约束啦！

通过网络看电视的原理和收听网络广播大同小异，你一定不会再感到惊讶了。网络电视和广播还有个优点，就是还可以随时重

什么是“流媒体”？

我们能够通过网络听到和看到音频和视频节目，都归功于流媒体技术。流媒体是指采用流式传输的方式在网络上播放音频、视频或多媒体文件的媒体格式。流媒体最大的特点在于边下载边播放，就是说它在播放之前并不下载整个文件，只是将即将播放的那部分内容存入内存，在计算机中对数据包进行缓存并使媒体数据正确地输出。流媒体的数据流随时传送随时播放，而后台始终准备了一部分内容作为缓冲，因而也就保证了播放过程不会因为下载而中断。就这样，后台在下载后一段情节，而前台播放着已经下载的内容，前后台密切配合，我们只需要在片头的地方等待一小会儿，就可以顺畅地观看整个节目啦！

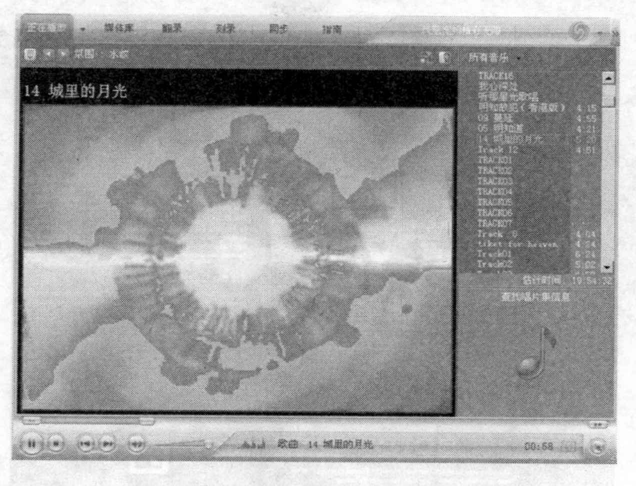

Window Media Player播放器

播我们需要的音乐、图像、文字的任何片段，这在以往真是难以想象！网络广播和电视既有传统广播电视灵活生动的表现形式，又有互联网按需获取的交互性，还占据着多媒体符合人类接受信息方式上的本能特性——视听优于文字。因此，这种媒体形式一出现就深受网络用户的欢迎，成为网络上的一颗新星。

既然上网可以看电视，自然也可以看电影了。在互联网上看电影叫作“在线电影”。在线电影的实现主要得益于VOD技术的广泛应用。VOD（Video On Demand）即“视频点播”。我们在电影网站上选择一部电影以

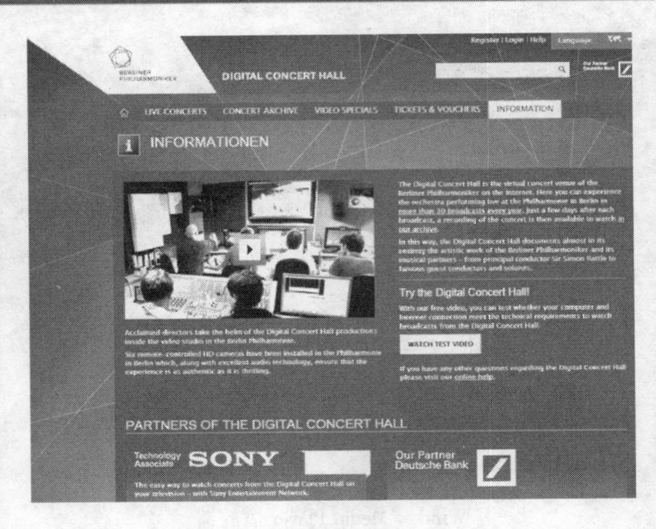

柏林爱乐团的数字音乐厅网站

后，这种技术就会把我们所选择的内容，通过网络传输分发到我们的终端设备上。因为视频文件数据量比较大，所以必须在宽带条件下才能提供视频点播的服务。VOD技术同时支持多人点播同一节目，我们往往是在和别人同时分享一部影片，这样网络也就成了在线影院啦！

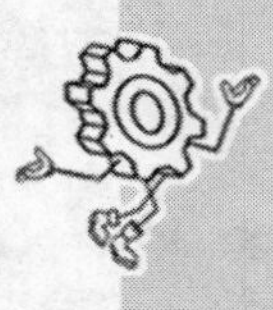

目前在网络上流行的电影媒体格式多为AVI、RM、MPEG4、ASX、FLV等国际标准和主流视频格式，不过在播放的时候我们根本无法知道电影是哪种格式的，因为在播放时电脑会自动调用相关播放软件。如果情况特殊，在线电影网址的页面上都会提示需要用

什么播放软件，同时会提供这类软件的免费下载链接，所以我们只需要点击链接下载安装就可以了。安装了播放软件之后，收看我们心仪的电影就不存在任何障碍了！

在互联网上也能够直播音乐会。1998年12月18日，英国著名前甲壳虫乐队成员保罗·麦卡尼通过国际互联网直播现场表演，就引起了巨大的轰动。2008年，柏林爱乐乐团把音乐会搬上网，建立专门的“数字音乐厅”，虽说只能达到720P的准高清画面，还是引起广大古典乐迷的巨大轰动。看来，不管古典还是流行，未来都会以网络为家，开始新的旅程。

小问题

用流媒体播放与下载了以后再播放有什么不同？

你参观过数字图书馆、数字美术馆和数字博物馆吗？

你到图书馆、美术馆和博物馆参观过吗？在你的印象中，它们是什么样子的？是不是都是些让人望而生畏的宏伟建筑，让人眼花缭乱的图书、美术作品或文物？那你再试想一下，如果把它们都搬到网络上又会怎么样呢？

数字图书馆是用数字技术收集、存储和组织信息，并通过计算机网络查询和检索信息的一种现代化信息系统。它可不是简简单单地把图书馆数字化，或者把印刷文献改成电子文献就行了。图书馆的自动化、网络化和图书馆资源的数字化只是现代图书馆向数字图书馆过渡的第一步，而真正的数字图书馆是一个超大规模的信息服务系统，它当然离不开计算机技术、网络技术和多媒体技术，但更显著的特点在于，数字图书馆中的信息是海量的，并且信息和内容还会随科技的发展不断增加。而且数字图书馆要能够对读者提供很强的检索功能，它的目的就是最大限度地满足用户的个性化需求。

现在许多图书馆都将图书资源数字化了

以往，很可能你从图书馆借到了一本心仪已久的书，却因为翻看的人太多，已经把书弄得很旧很破了，数字图书馆里就绝不会有这种事发生。有了数字图书馆，我们再也不用羡慕那些总是可以方便地阅览图书馆大量藏书的人了。我们足不出户就可以自由自在地浏览万里之外的一家图书馆的藏书，甚至也可以看到以往根本没有机会读到的古书的珍贵版本。不过，你可不要以为图书馆里就只有写满了字的书，这里还有音像资料呢！你在数字图书馆里也可以享受音乐的飨宴，除了可以在网络上聆听那些平时难得一听的老唱片，更可以查询或搜索、随点随听，那么，当一个音乐发烧友就再也不是件奢侈的事了！

数字美术馆则享有“永不闭馆的美术馆”的雅号。中国美术馆要建的数字美术馆就是将美术馆所有的藏品、资料信息数字化，进行编辑后，再发布到网络上，这样全世界的人们足不出户就可了解到美术馆的最新信息、展览、藏品等内容。作为一个普通的书画爱好者，你也可以了解它的全部藏品信息，也可以对它的藏品数据进行智能检索。你只需要输入作品名称、作者等关键信息或加入综

博物馆的起源

在17世纪末期，欧洲的贵族或有钱人搜集各种奇珍异宝，作为炫耀自己财富的工具。后来为了回馈社会或教育大众，他们将这些丰富的藏品公开出来，成为现今博物馆的雏形。而博物馆的学术研究以及休闲的功能则是后来才慢慢发展出来的。博物馆发展至今，在功能上并无太大的改变，在一般人心目中，逛博物馆仍是一项高尚的雅好。

中国美术馆

合条件，即可显示所需要的所有信息及相关图片；你要是选中了某一个类别的作品，就可以浏览该类下属的所有藏品略图；而对每一件藏品略图，也可以进行随意的缩放浏览。而另外一些数字美术馆则为一些知名的或无名的艺术家展示他们的艺术创作理念、作品、美术观提供了广阔的空间，我们在参观浏览的同时，也可以和别的观赏者甚至作者实时地对作品的欣赏进行交流。有的数字美术馆还举行在线拍卖呢！

你喜欢逛博物馆吗　谁会不喜欢呢！要是能亲身到大英博物馆去欣赏埃及法老王的木乃伊，去切身体验一下神秘的古埃及文

大英博物馆内展出的木乃伊

明，就必须考虑到要花费的时间和金钱成本。有钱的时候没时间，有时间的时候又没钱，博物馆与我们之间似乎总有几分隔阂。

互联网的普及与数字技术的进步将缩短观众与博物馆之间的距离，使得在家逛博物馆不再是梦想，透过数字博物馆，你可以免去舟车劳顿，随时随地连上网络，鼠标指指点点，就可以在数字博物馆里恣意漫游了。对于有兴趣的主题，更可以下载相关的说明、图片或多媒体文件，以便细细地观赏、体会和研究。

数字博物馆与数字图书馆、数字美术馆有什么不同呢？它最大的不同之处在于博物

馆里的藏品多是立体的，所以数字博物馆也有必要把它的内容用 3D 制作软件做成三维立体的。

那么数字博物馆能为我们做什么呢？数字博物馆，会引领我们了解我们所居住环境的变迁，也会引发我们关怀和热爱故乡的情感，更会开阔视野，坐在计算机前就能增长了行万里路才能获得的见识！

小问题

你觉得目前数字图书馆、美术馆和博物馆还有些什么缺憾呢？

网络游戏有哪些利与弊？

说到最精彩的游戏，电脑游戏迷们大概会一致推崇网络游戏。网络游戏的历史可追溯到20世纪70年代，由于技术有限，那时的网络游戏还是以纯文字作为载体，而到了现在已然发展为2D、3D效果的场景。

网络游戏的形式大致有两类。一类是网页游戏，这种游戏你不需要下载客户端，只要打开网页浏览器就可以玩，非常方便快捷，而且游戏类型很丰富，如开心农场、三国杀、洛克王国都属于网页游戏。

另一类是客户端形式的网络游戏。这种游戏是由游戏运营商所架设的服务器来提供的，需要下载客户端。在这种游戏中，每个人都会有一个或者几个属于自己的虚你身份，而一切记录数据都被储存在服务端里。现在，通过手机平台也可以运行客户端，并接入网络和多人进行游戏。

欧美日视频游戏的主要赢利来自出售软件和服务。网络游戏只是作为游戏软件的一个服务内容，像魔兽世界这样的纯网络游戏

东方色彩浓厚的网络游戏画面

在美国也须一次性花 50 美元购买包含 3 个月游戏时间的客户端软件。以后再每月付费续玩。另外一种是需要购买“点数卡”，按照玩家上线时间计费。

随着产业的发展，游戏商们不满足于只卖服务，他们开始提供一些免费游戏，游戏本身不收费，而是通过贩售特定功能的“虚拟宝物”以及服务作为收费来源。由于“虚拟宝物”对于游戏商来说是毫无成本的，而对游戏迷来说一旦沉溺其中，甚至可能倾家荡产，因此这种收费方式是很有争议的。

在全世界范围内，游戏产业都非常有发

《魔兽世界》是世界上在线人数最多的大型多人在线角色扮演游戏，在 2008 年的在线人数已达上千万，其中有将近 500 万人是中国人。它精良的制作让全世界的网民都为之倾倒。

展前景。我国 2011 年网络游戏用户就突破 1.6 亿，网络游戏市场规模也达到了 468.5 亿元。

产业大了，衍生出很多新的现象。有些人开始以游戏为业，通过代人练级、买卖装备等行为来挣得现实生活中的货币。同时也出现了一种特殊的玩家：金钱玩家，依靠购买“虚拟宝物”，他们装备精良，升级很快，有些人甚至在一个游戏里投入几百万的金钱。在他们看来，只要在游戏中获得快乐和满足感，这一切都值得，游戏的运营商们也采取很多办法来挽留这些玩家们。

游戏运营商想尽一切办法来激发玩家消费，例如公布玩家排行榜。有些时候，为了刺激消费，运营商会故意挑起两个较大公会（游戏中的虚拟同盟）之间的矛盾，两个公会

为了竞争会购买很多的装备，这为运营商带来了超额利润。然而，这种方式已经超越游戏服务收费，而类似豪赌了。

金钱玩家并不能纵横所有的游戏，很多网络游戏，例如《魔兽世界》对金钱玩家会进行限制。毕竟，把现实世界中的贫富分化带到网络游戏中，会彻底毁掉网络游戏创造全新体验的初衷和社会基础。

网络游戏带给人享受的同时，也有很多弊端，很多人不能处理好生活和游戏的关系，沉迷其中，造成悲剧，成为一种让人深思的社会现象，因此中国在2007年的时候推出了防沉迷系统，控制青少年每日的游戏时间。未满18岁的用户在游戏过程中会累计在线时间。累计游戏时间超过3小时，游戏收益（经验、金钱）减半。累计游戏时间超过5小时，游戏收益为0，以此控制未成年人游戏成瘾的情况。

小问题

对于靠钱砸出来的游戏玩家，以及以贩卖“虚拟宝物”来赢利的游戏运营商，你有什么看法？

电子竞技是体育项目吗?

你听说了吗?2003 年 11 月国家体育总局把电子竞技列为我国正式开展的第 99 项体育项目，从此电子竞技拥有了官方赋予的正式身份，也开始举办正规的赛事了。可究竟“电子竞技”是种什么样的体育项目，它与传统的体育运动又有什么不同呢?

电子竞技运动就是利用高科技软硬件设备作为运动器械进行的，人与人之间的智力对抗运动。通过这种运动，可以锻炼和提高参与者的思维能力、反应能力、四肢协调能

电子竞技是人与人之间的智力对抗

电子竞技并不等同于网络游戏

力和意志力，培养团队精神。这是国家体育总局给出的电子竞技定义。说得简单些，电子竞技也就是使用电脑游戏来比赛的体育项目。不过，电子竞技可不是单纯地打游戏，更不是玩物丧志，它是一项体育运动，体现的是奥林匹克精神，培养的是团队意识。

电子竞技运动与目前同样流行的网络游戏最大的区别在于它们的目的完全不同。电子竞技运动的宗旨是锻炼和提高参与运动的“真实的人”的思维能力、反应能力、四肢协调能力和意志力；而网络游戏“练级”的目的则完全只是在提高游戏中“虚拟人”的“技能”、“魔法”、“等级”。出发点和目的不同，获得效果当然也就完全不同啦。

电子竞技运动大多采用体育比赛模式，一般 10 ~ 30 分钟可以结束一局比赛；网络游戏则往往是一种经过开发时预先设计的“没有尽头”的游戏，与每一“等级”相对应的经常是游戏时间和熟练程度，而不是参与者的能力。所以说，电子竞技是寓运动于游戏，是一种真实的游戏运动。

有些人反对将电子竞技列为体育项目，因为他们认为，传统所谓的体育是指一项身心投入的竞技运动，而电子竞技玩家虽然也投入了大量的精力和时间，但是却几乎没有

我国的电子竞技运动员

电子竞技虽然只是一项新兴的体育运动，可我们中国的选手水平并不低，已经有多位中国选手在世界多项赛事中夺取过奖牌了，不过我们与欧美、韩国等电子竞技强国相比还有很大的差距。未来我们应该培养出堪称电子竞技爱好者楷模的选手，这样就能够展示电子竞技的迷人风采，可以引导电子竞技向好的方向发展，也成为一项对锻炼心智十分有益的体育运动！

电子竞技吸引了众多青少年

身体机能的发挥，所以在这一点上看来，电子竞技不应该算体育运动。

另一些专家则举出反证，国际象棋和围棋不也是体育项目吗？信鸽运动不也是国家正式承认的体育项目吗？电子竞技与赛车也有着极大的可比性，二者同样都需要选手的手脑配合，操控比赛设备，追求比赛胜利。从其他的方面来看，生命在于运动，所有的竞技比赛都是在考量参赛者头脑的反应速度、肢体的协调性以及心理素质等相关因素，在这几点上，电子竞技丝毫不比其他竞技比赛逊色。

我们都知道，体育源于游戏，电子竞技的发展也如出一辙，是游戏发展的高级阶段，而且新兴的电子竞技运动也一样显示出了体育的本质。体育精神在于对抗性、荣誉感、归属感；在于战胜对手、超越自我；同时，体育精神对于个人来说，它的真谛更在于创造健康的生活，营建健康的人生。健康当然不只是身体上的，更是心理上的。所以，当我们怀着积极的心态，投入到一种运动之中去，不断挑战自我，不断超越自我，永不放弃，这就是体育精神最好的表现。

电子竞技运动中的足球、篮球、台球、射击、实时战略、棋牌等项目，都是体育运动电子化和电子游戏体育化的产物。但电子竞技中也有更多比传统项目更复杂、更需要讲求战术和战略、更需要集体协作配合的项目。这些项目更能体现出电子竞技的独特魅力。

作为一把双刃剑，电子竞技一方面以其独特的魅力吸引着越来越多的青少年；另一方面，由于网络游戏市场缺乏规范，管理困难，也出现了暴力、色情等不健康内容，还有些青少年对网络游戏成瘾，严重影响了正常的学习和生活，这些都是很突出的社会问题，我们必须正视这些问题，千方百计地积极解决问题，而不能因噎废食呀！

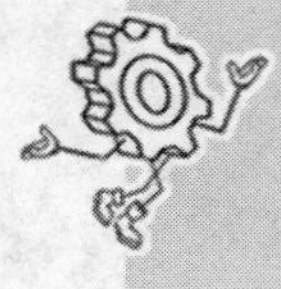

小问题

为什么电子竞技与单纯的网络游戏不同？

什么是“虚拟社区”?

虚拟社区是由BBS发展而来的。BBS是Bulletin Board System的缩写，即电子公告板。BBS与E－mail一样，是早期互联网最普遍的应用之一。BBS与街头和校园内的公告栏相似，不同的是，BBS通过电脑来传播和取得消息，人人都可以通过电脑向BBS发送自己的公告（帖子）。BBS提供的功能很多，除了发帖子、看帖子、版区讨论之外，还有社区传呼、在线列表、在线聊天等。

虚拟社区基于Web，比BBS功能更丰富强大、界面更漂亮。因为它很像一个网上俱乐部，所以虚拟社区也称为CLUB，它的主要功能有公告栏、群组讨论、社区内通信、社区成员列表、在线聊天、找工作等。虚拟社区也就是互联网上能提供现实社区所需的各种交流手段的场所。

生活中的社区，它的存在基础是固定的场所、固定或流动的人群。网络虚拟社区亦是如此，固有的网络空间，频频出没于其间的“大虾”与漂泊不定的游客，共同组成了

网易虚拟社区入口

虚拟社区这个团体。可以这样说，虚拟社区就是在网上构造一个“虚拟社会”，让许多人在这里一起生活，但由于人们是以共同兴趣和利益为纽带联结在一起的，却又少了很多现实生活中的复杂人际关系，因此在虚拟社区里更容易找到朋友和维持友情，甚至更容易得到真诚的帮助。

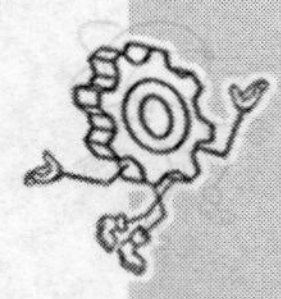

那么虚拟社区是怎么建成的呢？

首先，虚拟社区的制作者设计出大量的页面和特殊功能，然后上传到互联网上的一台或多台服务器上。接着公布虚拟社区的网址，这样你就可以浏览社区的主页了；不过，要访问社区，还需要填写你的一些个人资料，一般为名字、社区登录名（昵称）、密码、邮件地址、性别、年龄、QQ 号码和个人爱好等，以方便其他用户了解和联系你。填完后，系统就会开

通你的账号，这样你就正式成为该社区的用户。当你重新回到该虚拟社区主页填入登录名和密码，点击“登录”就可以进入并使用社区的各种服务和功能了。在服务器允许的情况下，虚拟社区可以同时让大量的用户访问。一般来说，服务器数量越多、配置越好，则其社区允许同时访问的人数就越多。

什么是“灌水”?

我们在网上交流时，常会听到“灌水”一词，它起初指的是在BBS、新闻组上发表冗长而空洞的文章。在网络聊天室也常用这一词。灌水会严重地影响BBS、新闻组张贴文章的质量，使垃圾贴泛滥成灾。有趣的是，美国前总统里根曾悄悄使用“addwater”（灌水）的昵称在一著名BBS上发表文章，真相公布后，“addwater”名扬四海，并逐渐演变成为在网上发表文章与观点的统称。现在许多的BBS都“欢迎各位用户前来灌水”，主要用以表明该BBS的宽松自由的气氛。

美国前总统里根曾用“addwater”的昵称
在 BBS 上发表文章

网上社区有着强大的交互性、方便的访问性、美观的界面以及千变万化的功能，仿佛一夜之间就成了互联网上最引人注目的焦点。据美国的一项调查显示，网络社区是各类网站中发展最快和最有潜力的。

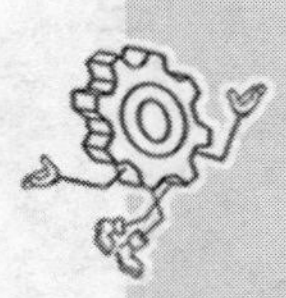

大多数到虚拟社区里的网民只是匆匆过客而已，并不算是在虚拟社区中真正生活过。其实，在网络世界中，虚拟社区是个真正的欢乐家园，在这里你可以找到热情如火的邻居、慈祥友善的居委会大妈、不离不弃的友人……那么如何才能真正融入虚拟社区的生活呢？

对于一个已经注册的会员来说，应该经

常做一些“社区工作”来提升自己的社区地位。大部分虚拟社区将会凭借你发贴的数量以及逗留于社区时间的长短来为你增加经验值与生命力，所以你需要积极参与社区事务，热情帮助他人解疑答问，这样当你的经验值与生命力积累到了一定程度，你的等级便会自动提升，你就不再是当初那只懵懵懂懂的“菜鸟”了。提升到了一定阶段，如果你热衷名利，或胸怀大志，便有资格申请担任版主，如果获得批准，你就得到了虚拟社区里的“一官半职”，对版内的帖子握有生杀大权了！

还有一类虚拟社区则更加人性化，几乎完全遵循着现实世界里人们生活的轨迹。比如在“诺亚城”虚拟社区，你注册落户以后就可以申请入住了。住哪儿好呢？你可以打

虚拟社区是真实社会的缩影

开地图，搜索全城的区域与街道，直到找到合适的住所。你也可以随时搬家。一旦安顿下来，你在社区的“银行账户”中马上会有一笔存款，可以供你维持基本生活一段时间。与现实世界一样，你必须通过工作来赚钱养家，否则没有收入，一旦存款耗光，生活就再也难以维持下去了。在虚拟社区里，你只要努力工作就会获得相应的报酬，报酬以虚拟货币的形式体现，商品流通市场与现实的市场很相似，一样受价值与价格关系的影响。你甚至能感觉到，你的一举一动，都可能影响整个市场、整个社区。茶余饭后，你还可以在各个街道中溜达转悠，你可能会遇到一些随机发生的事情，这就更加贴近了生活。如果你生活得挺惬意，也可以领养一只宠物，每天都要给它喂食、洗澡，还要陪它运动、散心，否则它就会郁闷，就会不辞而别甚至死亡。

现在你看到了，虚拟社区就是这么一个小社会，它是现实生活的写照和缩影，可在好多方面又比现实社会更美好、更理想。

与现实生活相比，虚拟社区里的生活的缺点是什么呢？

在互联网上怎么送贺卡?

每逢过年过节过生日，朋友之间常常要互送贺卡。而现在呢，随着网络的发展，网上送贺卡已经成为人们传递祝福的新方式。

电子贺卡与传统的纸制贺卡相比，有些什么优越的地方呢?

电子贺卡的种类更多，花样更多，也更新奇。画面有传统的、科技的、浪漫的、可爱的、另类的、魔幻的，简直让人眼花缭乱。

传统的纸质贺卡

多姿多彩的电子贺卡

更主要的是，电子贺卡可以加上动画技巧，我们不知道它下一秒会突然蹦出什么惊喜来。

电子贺卡更能反映出不同民族、不同地域的文化特征。因为电子贺卡往往可以包含更深的文化内涵。就拿春节来说，春节拜年是中国人千年不变的习俗，但“俗随时变”，拜年的方式随着物质条件的变化而变化，深深地烙上时代的印记。

在农业社会，人们只在狭小的区域内交往，人员少、流动性差，新年到来当然可以相互登门传递良好的祝福；到了工业社会乃至信息化社会，人员流动和交往空前扩大，

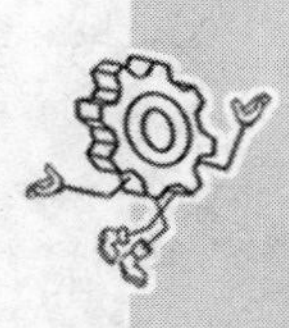

地球变成了一个小村落，拜年的方式也必然会同这种社会的变迁相适应。写贺卡寄贺卡就同时“升级”到了电子贺卡。但千变万变，其中总有些东西是不变的，像春节送喜庆这样一种民族心理就是没有随着社会变革而发生改变的东西。

电子贺卡的赠送方式是以电子邮件为基础的。我们在贺卡网站上挑选了贺卡以后，可以在上面填上我们想说的祝福的话，然后再寄送到对方的电子邮箱里就行了。

网上送花

时下流行的网上订花、送礼服务其实与网上购物大同小异，唯一的不同就是你在互联网上选购了商品以后，它会被送到别人的手上。网上送花的网站通常都建设得美观、温馨，一副冰清玉洁的模样。网站通常都拥有专业插花的艺师及专司送花的花童。你如果住在上海、北京、广州这样的大城市，你订购的花会在24小时之内准确送到你指定的人手中。

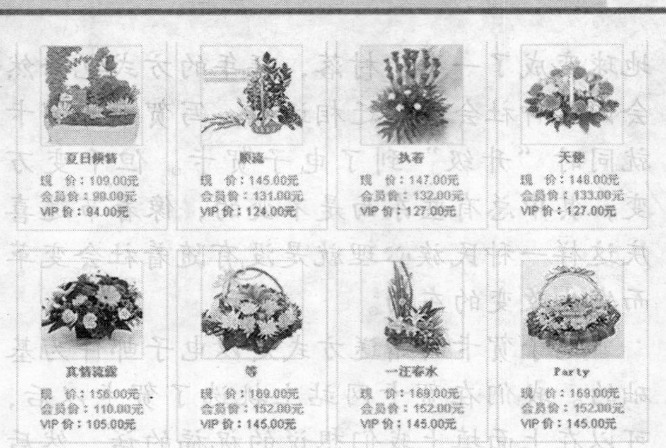

时下流行网上送花

有时候，我们通过电子邮件只是寄给对方一个贺卡的网址，对方上网后，就能直接打开贺卡网站的内容，享受一段美好的祝福时光。有时，也有人通过手机彩信发送电子贺卡，这种方式更为方便快捷，对方也更能及时接收到。

我们中国人自古就讲究千里送鹅毛，送礼物最重要的是心意。所以无论你选了哪一张，哪怕只是给你的朋友带来会心的一笑，就应该于愿已足了吧。

小问题

你觉得电子贺卡还有什么令人遗憾的地方？

有看不见的银行和看不见的钱吗？

1999年前后，美国西雅图出现了世界第一家网上虚拟银行。什么是虚拟银行呢？就是没有办公场地、一切交易和业务往来都在网络上进行的银行。

你也许会问：这种银行可靠吗？可你想过没有，你为什么会怀疑它？是因为它没有办公场地吗？难道我们信赖的是一座由钢筋和水泥制成的建筑物吗？事实上，除了没有建筑物之外，它没有其他任何让人不信任的地方，它有庞大的资金，有高素质的工作人

Q币充值卡

招商银行网上银行界面

员，有反应快速的服务网络，更有健全的经营管理体制。

2004 年 7 月，中国工商银行与腾讯公司联合推出了一张用于网络支付的虚拟银行卡。这种“虚拟卡”没有存折或卡的实物，它只是一个账号。所以是一张地地道道“看不见的银行卡”。这张虚拟卡不仅可以存入 Q 币，而且可以化解网上支付的隐忧。这种虚拟卡可以在柜台或网上银行申请，但申请人首先需要有一张工行的灵通卡或者牡丹卡，这个账号则与实际的银行卡紧密相连。持“卡”的人在网上购物的时候，就用不着将真实的卡号、密码等个人信息输到网上，也一样可以购买商品和支付费用，这些费用最后再从真实银行卡或账户中划到虚拟卡里。使用虚拟卡支付的最大好处也就在于不必输入真实

的卡号和密码，这样，真实的账户资料就没有泄露的机会了。

虚拟卡中存入的并不是人民币，而是根据折算换取的网上支付货币，如Q币。它可以用来购物、缴费、购买网络游戏的武器等。

以往我们常常担心在网上购物时账号和密码遭窃，虚拟卡的出现就让人放心多了。其实，早在“虚拟卡”之前，工行就悄悄推

什么是Q币?

腾讯Q币最初是一种可以在腾讯网站统一支付、进行各种网上交易的虚拟货币。申请到的Q币可以在腾讯网站购买一系列相关服务，购买时根据相应的提示投入相应的Q币数额。比如你可以用它来买衣服，不过当然是买给你在游戏中扮演的人物穿的。Q币面值分别有1元、2元、5元、10元、20元。1Q币=1元人民币。现在，它不仅可以购买虚拟衣服，也可以用来买你能穿的真实的衣服了。

欧洲街
价　　格：3.9 Q币
红钻贵族价：~~3.9~~ 2.7 Q币
[试穿] [加入希望盒]
购买 赠送 推荐 他人付帐

运动场走廊
价　　格：3.8 Q币
红钻贵族价：~~3.8~~ 2.6 Q币
[试穿] [加入希望盒]
购买 赠送 推荐 他人付帐

纽约的黄昏
价　　格：3.8 Q币
红钻贵族价：~~3.8~~ 2.6 Q币
[试穿] [加入希望盒]
购买 赠送 推荐 他人付帐

晚宴礼服（女）
价　　格：3.2 Q币
红钻贵族价：~~3.2~~ 2.2 Q币
[试穿] [加入希望盒]
购买 赠送 推荐 他人付帐

热恋新婚（女）
价　　格：3.2 Q币
红钻贵族价：~~3.2~~ 2.2 Q币
[试穿] [加入希望盒]
购买 赠送 推荐 他人付帐

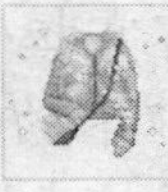
柔软的毛衣（女）
价　　格：2.0 Q币
红钻贵族价：~~2.0~~ 1.4 Q币
[试穿] [加入希望盒]
购买 赠送 推荐 他人付帐

精灵之家
价　　格：4.0 Q币
红钻贵族价：~~4.0~~ 2.7 Q币
[试穿] [加入希望盒]

白领贵人（女）
价　　格：3.2 Q币
红钻贵族价：~~3.2~~ 2.2 Q币
[试穿] [加入希望盒]

可以用Q币购买的虚拟衣服

出了类似的e通卡。e通卡也是一张虚拟卡，但它存入的却是人民币。它也与真实的工行银行卡相关联，却是独立的支付账户。

虚拟卡比e通卡又迈出了一步，就是它存入的和消费的货币也是虚拟的。据说，有了这种虚拟卡，就可以在腾讯QQ、联众、新浪、搜狐、云网、当当、卓越、易趣、盛大等近50家全国大型网站购物了。

小问题

你信任看不见的银行和银行卡吗？为什么？

为什么要建“数字地球”?

有了网络以后，似乎什么东西都数字化了，那就干脆把地球也数字化吧！这就是“数字地球”。什么是“数字地球”？所谓数字地球就是虚拟地球，就是把真实的地球和与地球相关的现象全部用数字化的方式来表示，简单地讲，就是把地球的信息搬进实验室和计算机。

我们已经有了一个地球，为什么还要再建设一个虚拟的地球呢？

以往我们要认识自己的家园地球，最好用的工具是什么呢？恐怕是地球仪吧！地球仪其实是一种特殊的地图，在这个球状地图的表面上用各式各样的符号，或凸凸凹凹的标志来表示地球上分布的各种大洲大洋、山川河岳等自然现象和国家、首都、海港等行政的或经济的要素。与平面地图相比，地球仪要生动得多啦。

不过，如果你想在地球仪上找到自己家的街道门牌，如果你想看一看珠穆朗玛峰挺拔的雄姿，如果你想确定一下从你所在的城

地球是人类唯一的家园

市到巴黎有多远，如果你想知道地球内部到底是怎样组成的，借助普通地球仪来回答这些问题就不大可能了。

数字地球可以看作是一种新型的“地球仪”，利用你的鼠标，左“指指”、右“点点”就可以得到我们在普通地球仪上永远无法获得的信息。你说它的用处会有多大呢？

数字地球也是建立在计算机、网络和相关设备上的，有了这个“地球仪”，你可以在计算机屏幕上将“地球”随心所欲地拉近、推远或者转动；你既可以“飞到”月球上看

看地球是什么样子，又可以“钻进”地球内部，看一看那里火热的岩浆如何翻滚；利用数字地球提供的声音、图像、影像、动画等多媒体信息，你还可以到世界各地去旅游观光；你可以去听听古希腊特洛伊城的历史和传说，还可以确切地掌握它最近的考古发掘进度；另外，你还可以看看离你最近的川菜餐厅在哪儿，到那儿应该乘坐哪路公交车。所以，数字地球这种新一代的“地球仪”，将会成为我们认识地球、了解世界以及日常生活必备的工具。

1米分辨率

“数字地球”有几个限制条件，其中一个就是最高1米分辨率。在遥感卫星获取的数据中，1米分辨率是重要技术指标，这种数据也是构筑数字地球的最重要的卫星遥感数据。在1米分辨率的遥感图像上，可识别出地面上行驶的小汽车，查明树木的数量甚至公路上行人的数目。就是说，这个1米分辨率就代表着地球上的几乎所有东西都能够包容无遗了。

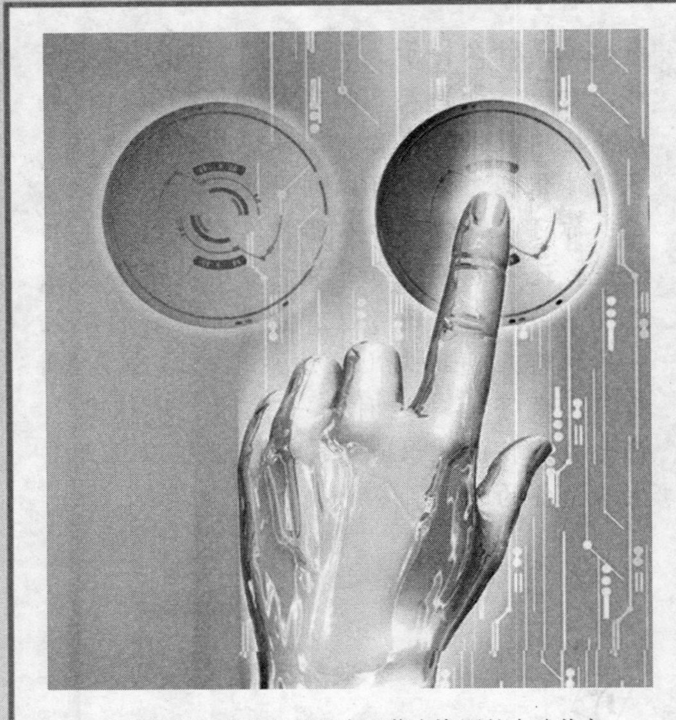

建立数字地球的目的是实现信息资源的全球共享

“数字地球”是美国先提出来的，虽然这个口号带有很强烈的国家目标的色彩，它本身还是很有价值的。建设数字地球最终是为了让全世界的人都能够体验到，也都能够使用上以往所有的关于地球的知识和信息，这些信息既包括自然方面的，也有文化和历史方面的。所以建“数字地球”是要把地球空间信息资源实现地球人的全部共享，是要让“数字地球”成为一个全球共同使用空间

信息的一个平台。哦，这个计划好宏大！

说得具体点，数字地球的特点应该是这样的：它的数据包罗万象，包括各种来源的、各种比例的、各种格式的，包括过去的和现在的；它的地理数据库是联网的，也是不断充实、不断更新的；它用图像、图形、图表、文本、报告等各种形式提供全球范围的信息和知识；它的数据和信息会划分成不同保密等级，不同的用户具有不同的使用权限；用户可以通过多种方式从中获取信息，任何一个用户都可实时调用；如果戴上具有传感器功能的数据手套的话，还可以对数字地球进行可视化操作。

我们中国要为数字地球做些什么呢？我们首先建设“数字中国”。数字中国也可以称作“虚拟中国”，实际上就是把我国 960 万平方千米的土地上的全部自然现象和文化信息用数字化的形式来表示。数字中国具有数字地球的全部特点，只不过提供的数据是中国范围内的，它的服务对象也以中国为主。数字中国不仅会给我们的生活和学习带来方便，而且作为“地理信息手段”，更会在城市规划、社区管理以及城市灾害、紧急事务管理这些大事上发挥作用。

数字中国、数字地球将带给我们的变化，恐怕我们今天连想都想不出来呢！

数字地球的测绘主要依靠卫星来完成

小问题

你能想象用数字地球这个新型“地球仪”来做什么呢？

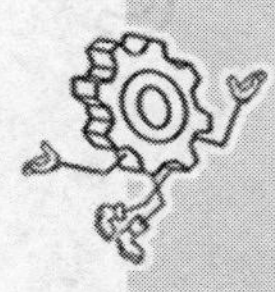

第三篇
提高篇

互联网由哪些硬件设备组成？

我们已经知道了，互联网是世界各地的计算机共同组成的一个系统，那么构成这个系统都需要哪些设备呢？

互联网中最核心的部分自然就是计算机了，可每台计算机在网络中所起的作用是不一样的。其中最重要的应该就是服务器。我们知道，服务器其实也是一种计算机，那么它为什么被称作服务器，它与我们平时用的

交 换 机

互联网中最核心的部分就是计算机

计算机有什么不同呢？服务器是一种高性能计算机，是互联网服务与信息资源的主要提供者。作为网络的节点，存储、处理网络上80%的数据、信息，因此也被称为网络的灵魂。服务器就像是网络系统中的一个个领导核心，各个网络终端设备，如家庭、企业中的计算机上网，获取资讯，与外界沟通、娱乐等，都必须经过服务器，也可以说是服务器在“组织”和“领导”这些设备。

虽然服务器在构成上与个人计算机基本类似，也是由处理器、硬盘、内存、系统总线等构成，但服务器是针对具体的网络应用特别制定的，因而与个人计算机在处理能力、稳定性、可靠性、安全性、可扩展性、可管理性等方面差异很大。

在网络设备中，除了服务器以外，其他主要设备还有集线器、交换机和路由器。集线器即Hub，它是计算机网络中连接多个计

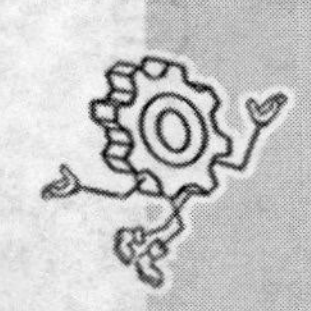

什么是网关？

互联网的两个网络之间，比如从局域网到互联网，需要使用一台中间计算机来连接，而这台中间计算机要实现两个网络之间的信息交换，需完成路由选择，以及不同类型网络之间的不同协议的转换。在互联网中，这种中间的计算机就被称为网关。互联网上的成千上万的网络彼此之间都用网关互连。

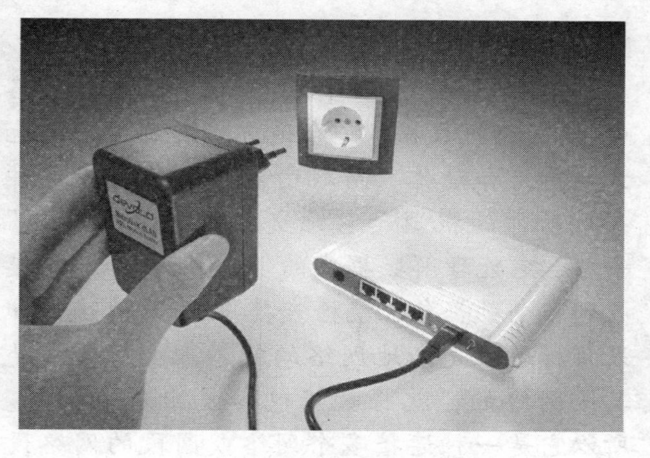

路 由 器

算机或其他设备的连接设备，是对网络进行集中管理的最小单元。它没有智能处理能力，对它来说，数据只是电流而已，当一个端口的电流传到集线器中时，它只是简单地将电流传送到其他端口，至于其他端口连接的计算机能不能接收到这些数据，它就不知道，也无法理解了。

交换机是一种基于网卡的硬件地址 MAC 识别，能完成封装转发数据包功能的网络设备。它要比集线器智能一些，对它来说，网络上的数据就是 MAC 地址的集合，它能分辨出数据帧中的源 MAC 地址和目的 MAC 地址，因此可以在任意两个端口间建立联系，但是交换机并不懂得 IP 地址，它只知道

MAC这种硬件地址。

路由器在英文中叫Router。所谓“路由”，是指把数据从一个地方传送到另一个地方的行为和动作。而路由器，正是执行这种行为动作的机器。它比交换机还要“聪明”一些，它能理解数据中的IP地址，如果它接收到一个数据包，就检查其中的IP地址，如果目标地址是本地网络的就不理会，如果是其他网络的，就将数据包转发出本地网络。所以它是一种连接多个网络或网段的网络设备，能将不同网络或网段之间的数据信息进行“翻译”，以使它们能够相互“读懂”对方的数据，从而构成一个更大的网络。

有了这些网络设备，再连上各种传输数据的线路，互联网的硬件部分就基本完成了。有了硬件，它的其他功能才能够顺利实现，我们才能享受到网络上的无穷乐趣啊！

小问题

你知道构成互联网需要哪些网络设备吗？

网络的工作程序是怎样的?

我们上网的时候,只要输入了正确的网址,很快就会显示出我们需要的网页,似乎一切都轻而易举。可事实上,这中间的曲折多着呢! 那么这个过程究竟是怎么实现的呢?

就拿我们常用的浏览器 IE 为例，上网的工作过程事实上经历了四个步骤:

第一步，先在 IE 的地址栏里输入想要去的网站的域名，例如你想去北京大学则输

我们最常用的就是 IE 浏览器

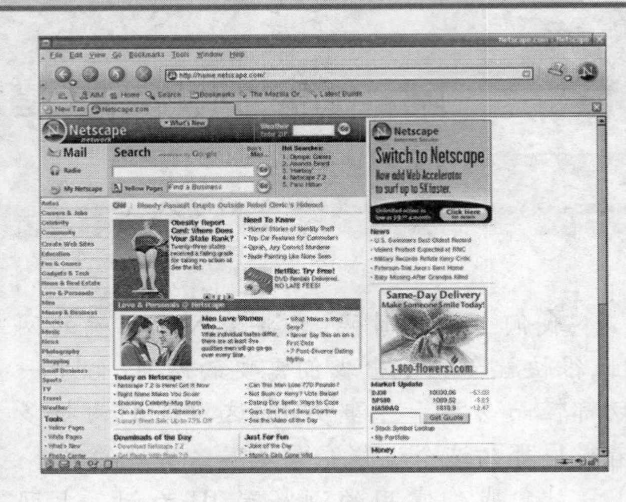

Netscapte 浏览器

入 www.pku.edu.cn 就行了。

第二步，IE 开始首先访问所设的 DNS 服务器，DNS 会从路由表中找到相应域名的 IP 地址，然后再去访问那个 IP 地址。如果在这一级 DNS 中找不到匹配的地址，则它会自动向上一级 DNS 服务器查询，直到最高级。如果一直都找不到的话，则会显示“你要找的网址不存在”的信息给你。这就是网络为你寻找网址的过程。

第三步，找到了 IP 地址后，IE 开始向你要去的 IP 地址发送请求，但是网络不可能一下就访问到目的 IP 地址，而是要经历一系列的“路由”过程。由于 IP 地址的划分是有相应的规则的，网络就是根据这些规则依次向

有关的路由器发出请求。请求如果实现后，网络就将有关的内容传到发出请求的计算机上，也就是传到你所用的计算机上。就像你寄出的信经历了一个个中转站最后终于到达了目的地，而对方接到信后便会把你所想要的东西马上向你寄送过来。

第四步，你的 IE 软件会将收到的内容保存到你计算机上的一个临时目录中，同时将其显示在 IE 的浏览窗口上，这样你就可以看到你需要的信息了。就好像你想得到的

常用的浏览器

上网最常用的浏览器（Browser）除了微软公司的 Internet Explorer 即 IE 以外，还有网景公司的 Netscape Navigator 和挪威 Opera 公司的号称“世界上最快的” Opera 浏览器，使用 Linux 操作系统的人更常使用。Mozilla 公司还开发了一种针对 IE 漏洞的浏览器火狐 Mozilla Firefox，是一种开放源代码浏览器，这种浏览器似乎更受专业人员的推崇。

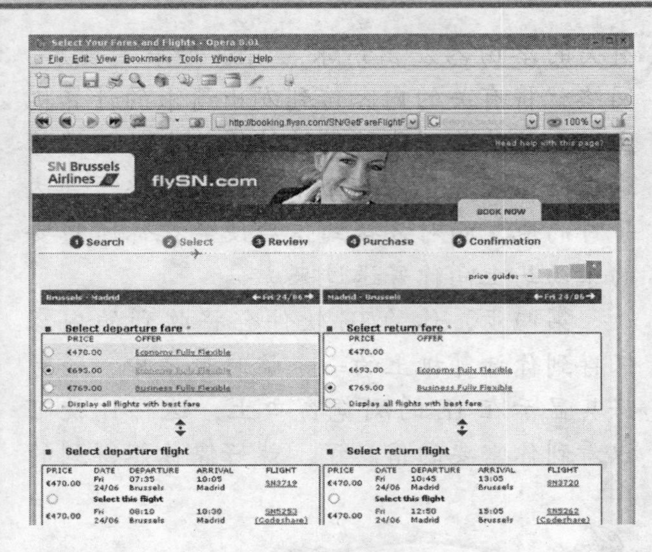

Opera浏览器

回信到达了你的手里，并且你已经打开开始浏览了。

这样网络也就为你完成了一次基本的访问过程。我们在上网时，所看到的仅是网络的第一步和第四步工作，也就是当你输入域名，等待片刻，就可以在窗口中看到想要浏览的网页了。而第二步和第三步则是你看不到的。

小问题

你都用过哪种浏览器？你知道它们有什么不同吗？

什么是虚拟主机？

互联网上现在连接着上亿台的计算机，这些计算机不管它们是什么机型、运行什么操作系统、使用什么软件，都可以归结为两大类：客户机和服务器。

客户机就是访问别人信息的机器；而服务器，我们前面已经说过，一般是指提供信息、资源和服务的机器。我们在说“主机”的时候通常也就指主机服务器。作为主机，

互联网连接着上亿台电脑

虚拟主机和独立主机并没有外观的区别

就需要人们时时刻刻都能访问到它，因此主机必须每时每刻都连接在互联网上，拥有自己永久的地址，为此它不仅得设置专用的配置级别很高的电脑硬件，还得租用专门的数据专线。不用说，这些成本可价值不菲啊。

可事实上，我们多数人并没有必要付出这样大的投资。所以人们就开发了采用特殊软硬件技术的虚拟主机技术。

所谓虚拟主机，就是把一台真正的主机服务器的资源，包括系统资源、网络带宽、存储空间等，按照一定的比例分割成若干台相对独立的虚拟的“小主机”的技术。每一台虚拟主机都具有独立的域名和IP地址，具有完整的互联网服务器的WWW、FTP、E－mail等功能。每个虚拟主机之间完全独立，在外界

看来，一台虚拟主机和一台独立的主机丝毫没什么两样。效用一般无二，可费用却大大降低了。

多台虚拟主机共享一台真实主机的资源，以往一台主机的硬件费用、网络维护费用、数据专线的费用由所有虚拟主机的用户共同承担，费用当然大幅度降低啦。同时这也可以大大地缓解互联网上 IP 和服务器等资源不足的问题。

虚拟主机一般根据使用的操作系统进行

什么是 Web 服务器？

一个网站的成败主要在于它所提供的内容或功能，而支持这些内容和功能的 Web 服务器才是真正的幕后英雄。我们都知道，Web 技术的独特之处在于它采用了超链接和多媒体信息。而 Web 服务器就是使用超文本标记语言 HTML 来描述网络的资源，创建网页，以供 Web 浏览器阅读的服务器。当 Web 服务器接到一个对 Web 页面的请求，就会通过统一资源定位器 URL 定位到相应的宿主文件服务器上，找到相应的文件，然后从宿主文件服务器上下载该文件并通过 HTTP 协议把它传输给 Web 浏览器。

Windows 操作系统展示

分类，有 Windows 系列的，也有 Unix 系列的。如果你要选择虚拟主机的话，首先就需要根据你使用的编程语言来挑选。如果你用的语言是 ASP.NET 或 ASP，就要选用 Windows 系列；使用 PHP，就要选用 UNIX 系列；使用 PERL 或 CGI 的，两种平台的虚拟主机都可以使用。Windows 系列的虚拟主机以灵活性见长，而 Unix 系列则以稳定性著称。所以选择哪种主机就看你自己的特长和偏好了。

小问题

不同类型的虚拟主机有什么不同的特点？

为什么有时候需要用代理服务器?

如果你的计算机还没有安装宽带，那也许会有朋友告诉你：最好给你的浏览器设个代理服务器（Proxy Web Server），这样你上网的速度会比较快。那么到底什么是代理服务器，它在互联网里扮演什么样的角色，为什么用了它就会提高上网速度呢?

代理服务器，说得通俗点，就是在互联网上完成跑腿的服务。代理服务器通常用作专用网络和互联网之间的媒介。如果我们在浏览器中设置了代理服务器，也就等于在我们的计算机和互联网之间添加了一个“第三者”，我们所发出的任何要求，都会被送到代理服务器上去，由这台代理服务器代为处理。

平时，当我们向服务器要求资料的时候，比如我们输入 cn.yahoo.com 向 Yahoo 索取资料，正常的网络流程是，浏览器首先把 cn.yahoo.com 这个域名信息传送给域名解析服务器 DNS，向 DNS 索取它所对应的 IP 地址，当 DNS 传回对应的 IP 地址后，浏览器

有时向服务器发送请求会出现网络堵塞现象

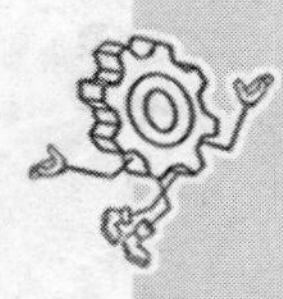

再对这个 Yahoo 服务器索取资料。在一切顺利的情况下，这没什么问题，可一旦网络阻塞、网站的机器配备不好、网站的专线不够快等各种因素累积到一起，我们的连接速度就会变得很慢。

如果设置了代理服务器，资料又是怎么传递的呢？浏览器还是会先向 DNS 查询 IP 地

址，但在获得了IP地址以后，它会先向代理服务器查询是否有这个网站的资料。因为当许多人都在共用同一台代理服务器的时候，所有需求都会经由这台代理服务器来代为处理，当有人在网址上看过某一个Web页面时，这些内容都会被记录在代理服务器的硬盘缓冲区中。等到下一次你要浏览相同的网页时，这些文件就会直接由代理服务器送到你的电脑。同时也因为代理服务器使用

什么是防火墙?

防火墙（Firewall）本来是汽车中的一个部件。汽车利用防火墙把乘客和引擎隔开，所以汽车引擎一旦起火，防火墙不但能保护乘客安全，同时也能让司机继续控制引擎。在计算机中，防火墙可以是一个位于计算机和它所连接的网络之间的软件，对流经它的网络通信进行扫描，以免受到攻击；也可以是不同网络之间的一种装置，把需要保护的网络与整个互联网隔开，使个别网络不受公共部分的影响。

设置代理服务器能提高上网速度

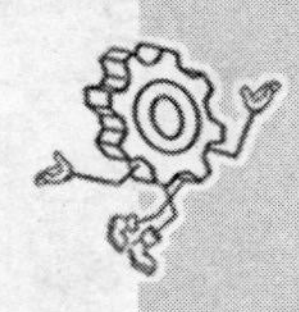

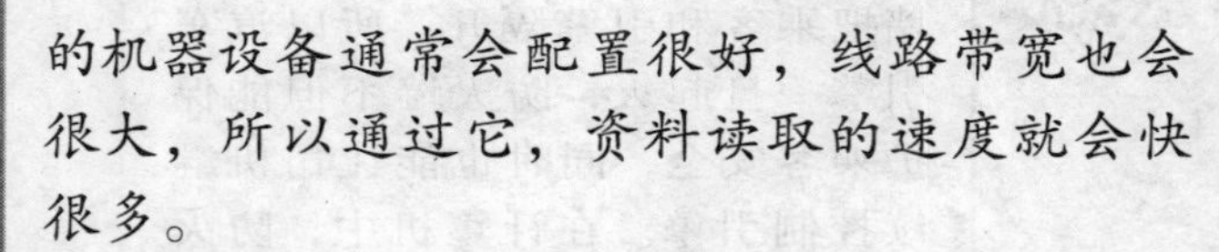

的机器设备通常会配置很好，线路带宽也会很大，所以通过它，资料读取的速度就会快很多。

代理服务器的另一个作用是可以充当防火墙。因为所有使用代理服务器的用户都必须通过代理服务器访问远程站点，因此，在代理服务器上就可以设置相应的限制，来过滤或屏蔽掉某些信息。这就是局域网的网络管理员对局域网用户访问范围限制最常用的办法，也是局域网用户为什么不能浏览某些网站的原因。拨号用户如果使用了代理服务

器，也必然要受它的访问限制。所以只要配置正确，代理服务器就很安全，这正是最可取之处。它阻挡了任何人的入侵，因为没有直接的IP通路。

另外，通过某些代理服务器我们可以访问一些不能直接访问的网站。互联网上有许多开放的代理服务器，我们的访问权限在有些情况下会受到限制，而这些代理服务器的访问权限是不受限制的，又刚好这台代理服务器在我们的访问范围之内，那么我们就可以通过代理服务器访问目标网站啦。比如我们国内高校中一般多使用校园网，而校园网这个局域网是不能出国的，但通过代理服务器，就能实现对互联网的访问了。

防火墙能够保护个人电脑不受攻击

使用了代理服务器以后，安全性也得到了提高。无论是上聊天室还是浏览网站，目的网站只能知道你来自于代理服务器，而你的真实 IP 就无法测知了。对于局域网来说，使用代理服务器也会节省 IP 开销。因为所有的数据经过代理服务器时都被代理服务器所改写，将源地址改写为自己的 IP 地址，所以所有用户只占用一个真实的 IP 地址，这样网络的维护成本就大大降低了。同时又隐藏了内部网的拓扑结构，所以也更加安全。

小问题

为什么用了代理服务器会更安全一些？

什么是网络协议？

网络协议是计算机之间的相互通信需要共同遵守的某种规则。听起来遵守通信规则似乎是一种束缚，其实这种规则本身同时也是一种通信语言。就是说，两个计算机之间要对话，不说同一种语言彼此怎么能理解呢？

TCP/IP 是互联网的基础协议。TCP/IP

网络协议也是一种通信语言

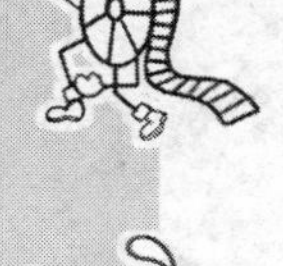

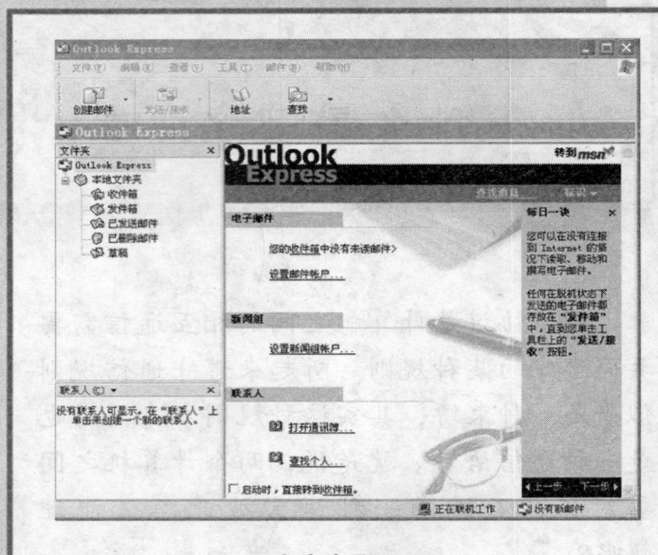

Outlook Express

也称“国际协议簇”，从这个名称我们就知道它不仅指 TCP/IP 协议本身，而且包括与其有关的协议。TCP 为传输控制协议，IP 为网际协议，是网络层面最重要的协议。采用 TCP/IP 协议通过互联网传送信息，可减少网络中的传输阻塞，方便大批量的数据在网上传输，从而提高网络的传输效率。

这种协议也是一种电脑数据打包和寻找地址的标准方法。在数据传送中，可以形象地理解为有一大一小两个信封，分别是 TCP 和 IP。在传送的这一端，计算机把要传递的信息划分成若干段，每一段塞入一个 TCP 小信封，并在该信封上记录有分段号的信息，

再将 TCP 信封塞入 IP 大信封，发送上网。在接收的一端，一个 TCP 软件包负责收集信封，从中抽出数据，按发送前的顺序还原，并加以校验，若发现差错，这个 TCP 将会要求重发。因此，TCP/IP 在互联网中几乎可以无差错地传送数据。这样，所有遵守这一协议的计算机就可以相互通信、相互传递信

什么是互联网协议第 6 版?

互联网使用的用来规范计算机网络中数据传送的一套协议 TCP/IP 目前已经使用的是第 4 版 IPv4。经过多年发展，原来的 IPv4 地址协议已经出现了 IP 地址远远不能满足需要甚至面临枯竭的问题。IPv4 的 IP 地址为 40 多亿个，根据专家估计，全球 IPv4 地址很快将彻底分配完。于是以 IPv6 为核心的下一代互联网就提上了议事日程。不过 IPv4 与 IPv6 的替换过程将是漫长的，而不会像电话号码升级那么简单。IPv6 地址具体有多少呢？有人形容说：世界上每一粒沙子都可以分配一个地址。也就是说，在 IPv6 下，IP 地址将可充分满足数字化生活的需要，不再需要地址的转换。更重要的是，它将提供更安全、更为广阔的应用与服务。

我们平常看到的网址都是以“http”开头的

息了，于是，这些能够彼此交流的计算机就共同组成了互联网。

TCP/IP 协议簇中包括上百个互为关联的协议，其中的 IP 地址编码协议是核心协议之一；而 Telnet 协议提供远程登陆功能；还有我们在设置 Outlook 接受电子邮件的时候常常会用到的 SMTP 简单邮件传输协议等。

HTTP，也就是超文本传输协议，是互联网上应用最为广泛的一种网络传输协议。它是从支持 Web 服务器传输超文本到本地浏览器的传送协议。所有的 Web 文件都必须遵守这个标准。设计 HTTP 最初的目的是为了提供一种发布和接收 HTML 页面的方法，它可以使浏览器更加高效，减少网络传输中的差错。

它不仅保证计算机可以正确快速地传输超文本文档，还可以确定传输文档中的哪一部分，以及哪部分内容首先显示，比如文本先于图形等。这也就是你为什么在浏览器中看到的网页地址都是以 http://开头的原因。我们在浏览网页的时候直接从这里下载数据，就是用 HTTP 代理。它通常绑定在代理服务器的 80、3128、8080 等端口上。

另外还有一种很常用的传输协议就是 FTP，即远程文件传输协议，这种协议允许用户将远程主机上的文件复制到自己的计算机上。它和 HTTP 一样都是互联网上广泛使用的、用来在两台计算机之间互相传送文件的协议。不过相对于 HTTP，FTP 要复杂得多。复杂的原因在于 FTP 协议要用到两个 TCP 连接，一个是命令链路，用来在 FTP 客户端与服务器之间传递命令；另一个是数据链路，是用来上传或下载数据的。

小问题

你还知道哪些网络协议？

域名和 IP 地址是什么关系？

什么是 IP 地址？它就是网址，也就是一台计算机在互联网上的地址。现行的 IP 地址由四个三位（0~255）数字组成，比如 162.105.67.5 便是一个合法的 IP 地址。事实上，IP 地址的四个号码是由网络号和主机号两部分组成的。统一网络内的所有主机使用相同的网络号，网络号就表明了主机所连接

IP 地址就好像繁华都市中的门牌号

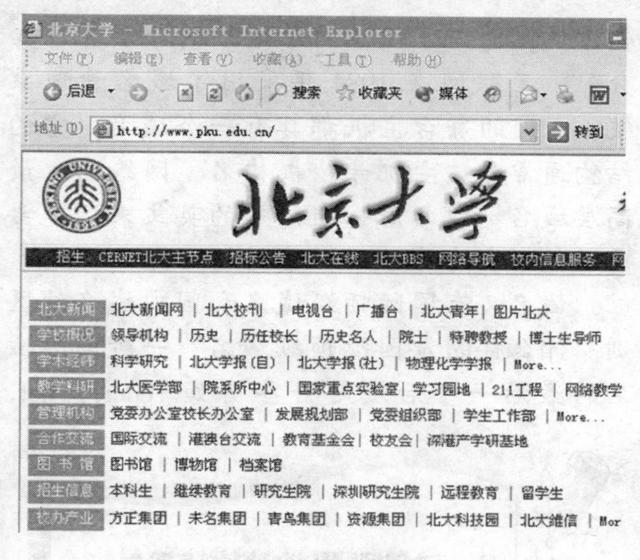

北京大学网站

的网络，主机号标识了该网络上特定的那台主机。如：162.105.67.5 这个 IP 地址中 162.105 是网络号，表示北京大学的校内网，.67.5 就是主机号，代表校园网中的某一台主机。IP 地址与在现实生活中我们的地址差不多。如果你工作的地址是在北京市海淀区中关村路 19 号 25 楼 398 房间，那么根据这个地址谁都能找到这个地方、找到你这个人。同样，根据你的 IP 地址 162.105.67.5 就能准确找到你的计算机所在的位置。

那什么又是域名呢？IP 地址是以数字来代表主机地址的，比较难记。为了使用和记忆方便，也为了便于网络地址的分层管理和分配，互联网在 1984 年采用了域名管理系统，入网的每台主机都具有一个域名，它的结构通常是：主机号．机构名．网络名．最高层域名。域名用一组简短的英文表达，要比用数字表达的 IP 地址容易记忆得多啦。

域名又有国际顶级域名和国内域名的区别。什么样的是国际顶级域名？一般国际域名的最后一个后缀是一些诸如 .com，.net，

域名到 IP 地址的转换是怎么实现的？

其中要用到 DNS，即 Domain Name System（域名系统），它是互联网的一项核心服务，是专门负责把我们输入的域名“翻译”为机器能够识别的 IP 地址而设立的。网络中按级别分布着许许多多的 DNS 服务器，每个 DNS 服务器上都有一张巨大详细的、信息从发送地到接受地通过的路线表，列出了域名与 IP 地址的对应关系。这样就能找出我们想要访问的域名在什么地方。

对于互联网用户而言，直接使用域名更加方便

.gov，.edu 这样的“国际通用域”，这些不同的后缀分别代表了不同的机构性质。而国内域名的后缀通常包括“国际通用域”和“国家域”两部分，而且要以“国家域”作为最后一个后缀。各个国家都有自己固定的国家域。www.sina.com 就是国际顶级域名，而 www.sina.com.cn 就是国内域名。

在 www.pku.edu.cn 这个域名中 www 就是计算机主机号，其他的主机号还有论坛 bbs、图书馆 lib、哲学系 phil 等；.pku 是机构名称，即北京大学；.edu 是网络名，这里代表的是教育网，另外还有其他一些网络名，如 .com 代表商业机构，.gov 表示是政府部门，.mil 是军队部门，.net 是网络管理部门，.org 是组织与团体等；.cn 这两个字母代表中国，其他代表国家或地区的最高层域名还有像 .au 是澳大利亚、.jp 是日本、.uk 是英国等，中国澳门、香港和台湾这三个地区分别有自己的最高层域名，分别是 .mo、.hk 和 .tw。

如果说你的 IP 地址相当于你单位的地址，那么域名就相当于你单位的英文名称，这个英文名是为了在互联网上登记户口用的，所以我们还会给它起个容易记忆的中文名。比如 IP 地址 162.105.21.117 对应的中文名称是“一塌糊涂”论坛，而它的域名是 www.ytht.net。对每台主机来说，域名是唯一的。

加入互联网的各级网络要依照域名管理系统的命名规则对本网内的主机命名，分配网内主机号，并负责完成通信时域名到 IP 地址的转换。对使用者来说，我们一般不需要使用 IP 地址而直接使用域名，互联网上的服务系统会自动地转为 IP 类型的地址。

小问题

现在你弄清楚域名、中文名称、IP 地址这三者之间的关系了吗？

为什么全球都重视IPv6?

这几年，随着互联网的发展，IPv6被越来越多地提及，你知道IPv6代表什么意思吗?它和IPv4又有什么关系呢?

IPv6是Internet Protocol Version 6的缩写，其中Internet Protocol的含义是“互联网协议”。IPv6是互联网工程任务组（Internet Engineering Task Force，简称IETF）设计的用于替代IPv4

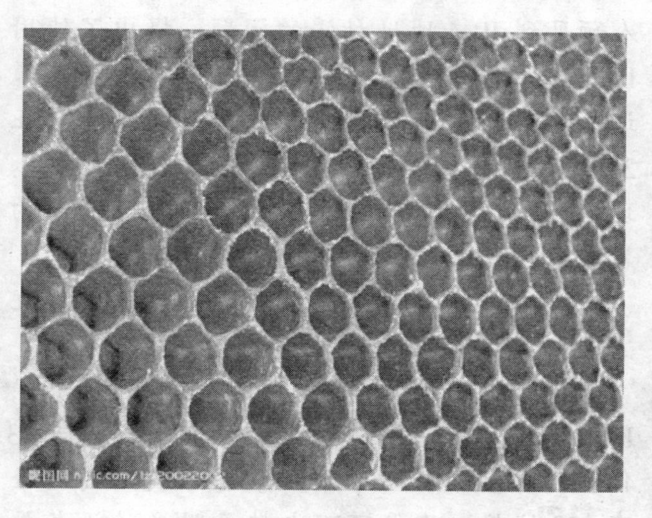

互联网就好像蜂巢，需要更多地址，
可IPv4能提供的地址不够了

IPv6受到全球重视

版本协议的下一代 IP 协议。简单地说，IPv6 是 IPv4 的升级版，在 20 世纪 80 年代，就有人预见到 IPv4 地址枯竭的问题，提出了使用 IPv6，在 1998 年 12 月，IPv6 终于被 IETF 通过公布互联网标准规范的方式定义出台。在 2011 年 2 月，IPv4 网络地址正式被分配完毕。现在各个国家都不遗余力地推进 IPv6 的发展。

那么 IPv6 和 IPv4 相比究竟有什么优点呢?

IPv6能容纳更多的 IP 地址，具体地说，IPv4使用的是 32 位地址，可以用来支持 43 亿个设备直接接入互联网。IPv6 使用的地址有 128 位长，几乎可以支持无限多的设备接入互联网，数量为 2 的 128 次方。

IPv6 的安全性更好。使用 IPv6 网络的用户可以对网络层的数据进行加密并对 IP 报文进行校验，极大地增强了网络的安全性。而且 IPv6 还有一个重要的功能就是允许扩充。在新的技术或应用需要的时候，IPv6 允许协议进行扩充。

IPv6 将给整个社会带来巨大的改变，如果说 IPv4 实现的只是人机对话，那么 IPv6 则扩展到任意事物之间的对话，它不仅可以服务于人类，还可以服务于众多硬件设备，

实名制上网：IPv6 可以解决用户上网实名制的问题。在 IPv4 时代，由于 IP 地址紧张，在同一时间不同的人会共用一个 IP 地址，这时 IP 地址和上网用户不能一一对应，而且由于数据量过大，电信部门只能保存 3 个月左右的上网记录，所以查不到完整的信息，IPv6 具有足够的地址，可以给每个人配备一个上网 IP，这时你所有的上网记录都会储存下来，监察部门对你在网上做的任何事都有据可查了。

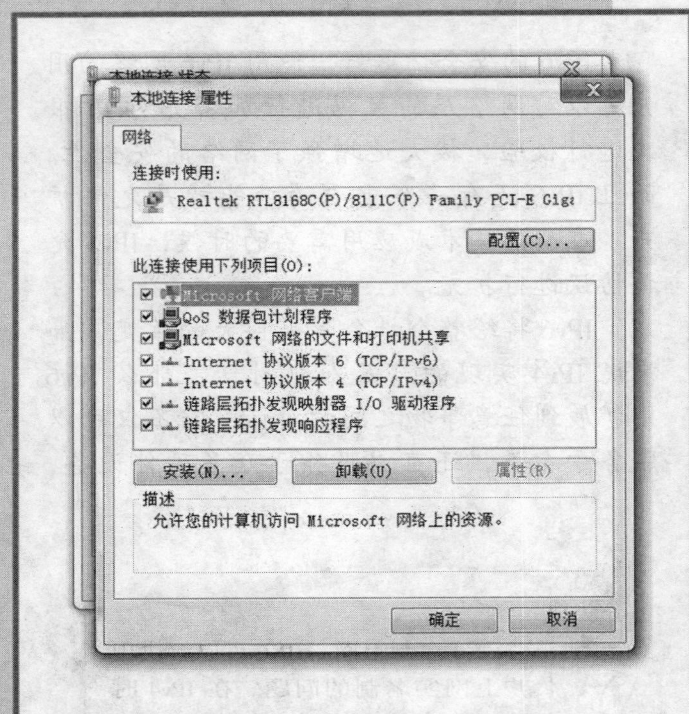

现阶段 IPv4 和 IPv6 是混合使用的

如冰箱、电视、音响、电脑、远程照相机、汽车等，它将无时无处不在地深入每个角落。并带来巨大的经济效益。

中国拥有全球最多的互联网用户，却只有全球 15%的 IPv4 地址，因此对于 IPv6 有着非常紧迫的需求。中国一方面要面对 IPv4 地址耗尽的威胁，另一方面又要面对移动互联网、云计算还有物联网等应用的发展对 IP 地址日益增长的需求，因此，不能不采取一系

列措施来应对这一紧迫的事实，并在 IPv6 上投入了大量补贴来加快发展。

在全球范围内，大力发展 IPv6 也已经成为了共识，美国要求联邦机构所有的站点在 2012 年 9 月底之前都支持 IPv6。

当然，IPv6 并非十全十美，它也有自己的不足之处，和 IPv4 一样，IPv6 也会造成大量的 IP 地址浪费。在向 IPv6 的过渡过程中需要大量的资金和时间。IPv6 在安全性能上有所改善，但是它并不能处理所有的网络漏洞。新的网络环境更复杂也更难以预料。尤其是在 IPv6 过渡阶段，网络设备同时支持两个版本的网络协议，风险性更大。这一切，还要在发展中不断摸索和完善。

小问题

为什么各国会在 IPv6 的问题上采取十分积极的态度？查看一下自己的电脑，现在已经开始使用 IPv6 了吗？

什么是网络病毒？

在网上冲浪真是乐趣无穷啊，不过，我们也要时刻警惕，网络世界里到处都充满了风险和不安全的因素。当进入网络世界的时候，我们可以分享网络上的各种资源，享受它给我们带来的方便、舒适和快乐，但我们也随时处在可能被他人或病毒的恶意攻击和破坏的危险之下，所以必须要加以防范。

这就是说，网络安全的问题来自两个方面，一方面是网络病毒，另一方面就是骇客

网上冲浪要警惕病毒攻击

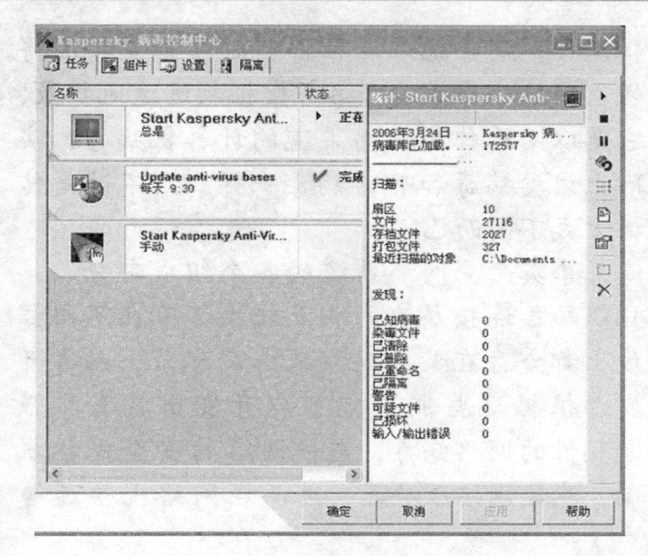

安装杀毒软件能有效防范病毒攻击

的攻击。

那么什么是网络病毒呢？我们都知道，计算机病毒就是能够自我复制的一组计算机指令或者程序代码，而称这种指令或代码为“病毒”，既是因为它就像病毒破坏生物体一样，能够利用计算机软件和硬件的弱点破坏计算机功能或者毁坏数据，也因为它还具有类似病毒的隐蔽性、传染性、触发性和不可预见性这几种特征。在互联网还没有发展起来之前，计算机病毒主要通过软盘传播，但是，互联网引入了新的病毒传送机制。通过网络传播的计算机病毒就称作网络病毒。

随着现在电子邮件被用作一个重要的通

信工具，病毒就比以往任何时候都要扩展得快。网络病毒通过网络通信机制迅速地扩散，它是以网络作为传播渠道的计算机病毒，实际上该类病毒和普通病毒一样，只不过是传播方式不同而已。

事实上，网络系统的各个组成部分、接口以及各连接层次的相互转换环节在不同程度上都会存在某些漏洞或薄弱环节，病毒开发者根据这些弱点就可以开发出具有极强欺骗性的网络病毒，突破网络的安全保护机制，感染网络服务器，进而在网络上快速蔓

小知识

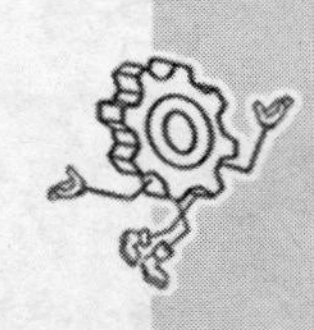

网络病毒传播的途径

除了电子邮件这种最常用的传播途径以外，有些病毒也可以利用浏览器进行传播，就是在你浏览某些带有病毒代码的网页或含有病毒的网站时，病毒便可以通过下载到本地的互联网临时文件传播。还有，就是通过局域网或互联网中的不明来源的文件传播。当你执行它们时，就会使你的电脑感染病毒。

接受电子邮件时应注意杀毒

延，影响到各网络用户的数据安全和机器的正常运行。最初的传播可能只需要从发几封带有病毒的电子邮件开始，后面的传播、感染、再传播、再感染过程则由病毒自己完成了。

在网络环境下，网络病毒具有计算机病毒的共性外，还具有了一些新的特点，就是传播速度快、破坏力大、扩散面广、彻底清除难，并且激发条件多、潜伏期短。2001 年 5 月 4 日，“爱虫”爆发的第一天便有 6 万台以上机器被感染。在其后的短短一个星期里，互联网便经历了一场罕见的“病毒风暴”！

既然网络病毒这么可怕，我们拿它就没有什么办法了吗？当然不会。最有效的预防网络病毒的方式就是安装杀毒软件，并要经常更新。一种杀毒软件只能截取它所知道的或按照某种方式编写的病毒。因此，没有一种防毒软件是百分之百安全的。不过只要我们能做到时时更新我们的杀毒软件，感染病毒的可能性就会大大降低。另外，预防网络病毒还应该时刻保持警惕，在使用他人的U盘、下载文件或打开邮件附件时都应该有防范意识，先查杀病毒再打开。

小问题

我们应该怎样预防网络病毒？

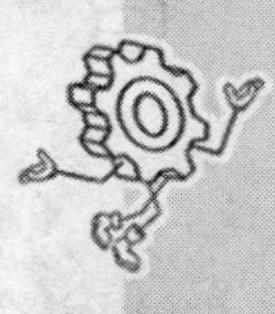

什么是黑客和骇客？

“黑客”一词，源于英文 Hacker，原指喜欢运用智力，通过创造性方法来挑战脑力极限的人，特别是在他们所感兴趣的领域，

加强个人电脑安全已经成为互联网用户的共识

Windows 7 操作系统

尤其能发挥出他们的潜力。在计算机和网络兴起以后，黑客又指热心于计算机技术、水平高超的电脑专家，尤其是程序设计人员。

在20世纪六七十年代，“黑客”一词极富褒义，专指那些善于独立思考、同时又奉公守法的计算机迷，他们智力超群，对计算机的投入是全身心的。在那个年代从事黑客活动也就意味着对计算机的最大潜力进行智力上的自由探索。因此，他们为电脑技术的

发展做出了巨大的贡献。这些黑客，打破了以往计算机技术只掌握在少数人手里的局面，倡导了一场个人计算机革命，倡导了现行的计算机开放式体系结构，开创了个人计算机的先河。是他们提出了“计算机为人民所用”的观点，他们是电脑发展史上的英雄。

到了20世纪八九十年代，计算机的地位越来越重要，大型数据库越来越多，同时，信息也越来越集中在少数人的手里。这样一场新时期的“圈地运动”引起了黑客们

什么是“木马”？

木马是一种程序，它的功能就是进行远程控制。也有人称木马程序为病毒，但木马与一般的病毒不同，它通常不能自我繁殖，也并不会“刻意”地去感染其他文件。它会通过将自身伪装以后吸引用户下载执行，这样就向施种木马的人提供了打开被种者电脑的门户，使施种者可以任意毁坏、窃取被种者的文件，甚至远程操控被种者的电脑。

Kaspersky 研发的反黑客软件

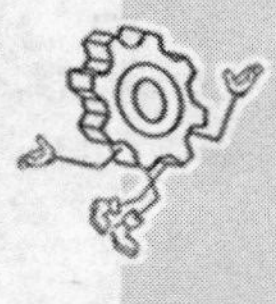

的极大反感。他们坚持信息应该共享，而不应被少数人垄断，于是开始将注意力转移到涉及各种机密的信息数据库上。但到了这一时期，电脑化空间已经成了个人的私有财产，社会不能对黑客行为放任不管了，于是黑客的行为被视为非法，开始受到法律等手段的约束和控制。

从此以后，黑客就专指那些专门利用计算机漏洞，对别人的计算机进行攻击的人。事实上，他们的目标很少指向个人用户，而多是商业计算机或国防、银行等重要领域。

那些专门利用网络漏洞来破坏别人网络安全的人被称为骇客（cracker），专门搞破坏的人是不可能受到尊重的。真正的黑客会对骇客不屑一顾。

骇客作案的途径，比较常见的是向别人的计算机上发送木马程序，这个程序会在你的计算机上执行，并与放置它的人里应外合，一起控制你的计算机！这正是网络世界的木马计啊！就像古希腊特洛伊之战中的木马计。那怎么防备网络世界的木马呢？现在有很多专门查杀木马的软件，你可以通过这些软件对你的计算机进行保护。同时还要时刻存有警惕之心，注意在局域网上不要随便共享自己的文件夹；一旦发现计算机运行异常，就可能意味着有不明程序在后台运行，需要尽快查明情况；另外，最好使用最新的 Windows 7 以上的操作系统，因为其安全性更好。

小问题

你用什么方式来保证计算机的安全？

什么叫博客？

“博客”是一种典型的网络新事物。博客的英文 Blog，我们在最新的英文字典里也找不到这个单词，它是 Web Log 的简写，字面意思就是“网络日志”，它是网上的一个共享空间，在这个空间上可以用日记的形式发表自己的个人内容。

说得通俗些，博客也就是一种十分简易的“傻瓜化”个人信息发布方式。这种方式让我们每个人都可以像进行免费电子邮件的注册、写作和发送一样，完成个人网页的创建、发布和更新。如果把 BBS 论坛比喻成一个开放的广场，那么博客就是你开放的私人房间。在这里可以充分利用超文本链接、网络互动、动态更新的特点，在你驾驭的领地上，精选并链接全球互联网中最有价值的信息、知识与资源；也可以把你个人的奋斗经历、生活故事、思想历程、闪现的灵感等及时记录和发布，向整个世界展示你的才情；更可以以文会友，结识一些志同道合的朋友。

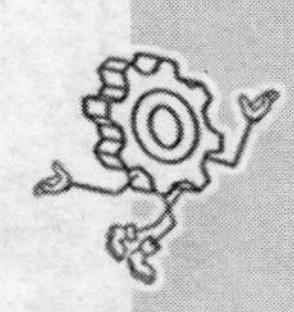

要真切地了解博客，最好的办法就是自

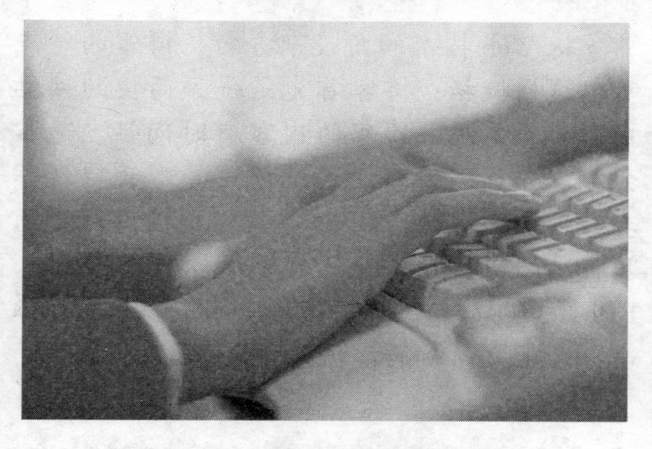

越来越多的互联网用户选择用网络语言
来记录自己的生活

己在提供免费博客的网站上注册一个。博客的注册比免费邮件还要方便。当你拥有了自己的博客以后，你的博客首先是一个网页，一打开这个网页，就会看到你张贴的一些简短、新鲜的文章，这些张贴的文章都按照时间的顺序排列着。你可以随心所欲地决定它的内容，包括对其他网站的超级链接和评论，有关学校、公司、个人的新闻，你的日记、照片，你自己写的或你喜欢的诗歌、散文或者小说。许多博客都是倾向于倾吐自己心中所想，所以尤其能体现出个人的个性和情感。也有些博客是一群人基于某个特定主题或共同利益领域的集体创作。这样的博客倾向于对网络传达某一类的实时信息。

从Web技术的角度来分析，博客的特点可以这样概括：博客首先是一种简便的网站内容管理系统，博客的内容有时间性，通常会加以分类，博客能通过评论等形式实现作者与读者的交流，同时博客都能提供符合通用标准的内容摘要。目前通用标准包括RSS，RDF，ATOM等。而博客最鲜明的特点有三个：频繁更新、简洁明了和个性化。

博客的类型

一般分为战争博客（Warblog）、日记博客（Journal blog和Diary blog）、知识博客（Knowledge Log、Klog、K-Blog）、新闻博客（News blogs）、专家博客（Pundit blog）、技术博客（Tech blog）、群体博客（Group blog）、移动博客（Moblog）、视频博客（Videoblog）、音频博客（Audioblog）、图片博客（Fotolog）、法律博客（Blawg）、文摘博客（Digest blog）等。也由此衍生出了大量新词汇，比如博客世界（Blogosphere）、博客精英（Blogerati）、博客链接（Blogroll）、语言博客（Linguablog）和小猫博客（Kittyblogger，指写些日常琐碎内容的博客）等。

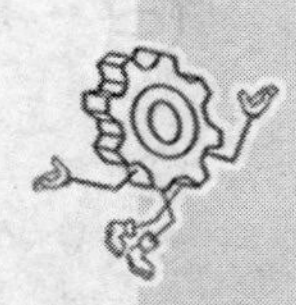

有了网络，博客们可以随时随地更新自己的博客

博客本身又包含了两种引申出来的意思,一种是指写作博客的活动(Blogging),一种是指撰写博客的人(Blogger 或 Blog writer)。

在网络上发表博客的构想始于 1998 年，但到了 2000 年才真正开始流行。可它的发展速度令人吃惊。我国 2010 年 7 月的调查显示，仅中国的博客用户就已经有 1.8 亿。起初，Bloggers 只是把他们每天浏览网站的心得和意见记录下来，并公开出来给大家参考分享。但随着 Blogging 快速扩张，它已经和创始人的目的相去很远了。目前，网络上 Bloggers 发表和张贴博客的目的有很大的差异，可以说，博客已经成为每个参与人自由挥洒的天地了。

博客 Blog 是继电子邮件 E－mail、论坛 BBS、聊天 QQ 之后出现的第四种网络交流方式；博客是网络时代的个人"读者文摘"，同时也是以超级链接为武器的私人"网络日

促进交流也是互联网发展的动力之一

轻博客可能成为博客未来的走向

记”；博客是一个人未经编辑的声音；通过博客，让自己有机会学到很多，同时也为别人创造了学习的机会。

有位著名的博客说，博客的最大贡献是“使互联网可写”。在没有博客的时候，如果要做个人主页，必须要专门学习制作软件，甚至还要会编程，所以前一时期的个人主页只是技术和艺术爱好者的园地。博客出现以后，只需要申请免费空间，下载免费博客软件，然后把自己的想法及时成文、上传就行了。几乎不需要技术，也完全可以不太关注形式，可以把99%的写作和阅读精力放在思想本身。对于这种变化，怎么评价都不过分。

现在我们知道了，其实对博客的认识可以说并没有统一的说法，事实上我们也不需要什么统一的“标准”定义。贝尔当初发明电话的时候，他认为电话应该用于传播新闻和交响乐，而事实证明，大家比较起单向收听某种声音，更喜欢亲切的交流。同样，互联网的实验最初是为了军事需要，而最终借着科技传扬出去的，正是“博客”所体现的人文精神。可以说，博客是一种新的生活方式、新的工作方式、新的学习方式和新的交流方式，被称为“互联网的第四块里程牌”。

小问题

博客为网络带来了什么样的变革？

今天你刷微博了吗？

想必现在大家都对微博很熟悉了，微博也叫微博客，它是一种通过关注机制分享、传播、获取简短信息的社交网络平台。使用微博的用户可以组建社区，更新 140 字的文字信息、图片以及其他多媒体信息。

在世界范围内，最具有影响力的微博是来自美国的 Twitter，而在中国，新浪微博占据了市场的主导地位，除此之外还有网易微博、腾讯微博。现在微博已经成为了很多人的生活习惯，人们找到了这样一个不同以往的平台来获取另一个角度的信息。它给人们展示的那个世界不同于主流媒体的宏观视角，更多的是展现个人的角度。

微博的草根性很强，每个人都有可能在微博上成为明星。微博很注重用户体验，人们可以自主选择关注的对象来获取相应的内容，很多名人都开通了自己的微博，这样他们的粉丝们就多了一个渠道来接近偶像，了解偶像的生活，甚至和偶像进行交流互动，新浪微博最早就是邀请了许多明星开通微博来聚揽人气的。

iPad版新浪微博客户端

微博具有很强的及时性，只要有手机就能及时更新内容。微博在新闻传播领域也占据了一席之地。特别是对于一些大的突发事件或引起全球关注的大事，亲临现场的人发出的微博往往更具有现场感和及时性。

微博上有许多应用，可以辅助用户在生

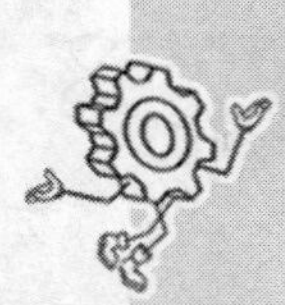

加V的微博影响力更大

新浪微博在刚推出时，为了打响名气，邀请各界名人来开微博，为了体现信誉，在这些微博名后面加上一个V字。久而久之，V成了名人、机构的官方标志。网上甚至流行着一句话，“十万粉丝，不如一V”。然而，随着微博信息泛滥，不少名人也开始感到V是一个累赘，往往要承担更多的责任，说话不能随意尽兴，因此，在很多人忙于申请加V的同时，也有不少人去V，还原微博草根聊天的本色。

活、娱乐、资讯等方面完成许多功能，比如储存数据、定时发送微博、商城，等等，这些应用针对不同的平台，无论是智能手机、平板电脑、网页、桌面、浏览器上都可以安装，开发者也可以使用微博平台的接口，来创建自己的应用，继而以某种方式实现盈利。

聪明的媒体当然不会放过微博这样的平台，很多电视节目和广播节目的互动环节都增加了微博这种方式，在媒体发送的一条特定微博下面留言，就有可能被主持人读到。

然而，微博并非完美无缺。微博上的信息具有碎片化的特点，质量参差不齐，产生了大量的垃圾信息和虚假信息。而且，微博上也存在网络暴力，人们常常在不明真相的情况下，自居道德高位，对某些事件、某些人进行排山倒海的讽刺挖苦，甚至谩骂伤害，而事后，当事情被证明是虚假或者错误的时候，却很少有人出来澄清道歉。这些自诩道德，却恰恰不道德的行为在微博上屡见不鲜。

微博，作为一个新生的传播事物，还需要经历时间的考验。

小问题

微博上传播的消息可靠吗？我们应该怎样利用微博这个平台来获取正确的知识？

图书在版编目（CIP）数据

网络漫游/中国科学技术协会青少年科技中心组织编写.
—北京：科学普及出版社，2013
（少年科普热点）
ISBN 978－7－110－07917－1

Ⅰ.①网…　Ⅱ.①中…　Ⅲ.①互联网络－少年读物　Ⅳ.①TP393.4－49

中国版本图书馆 CIP 数据核字(2012)第 268442 号

科学普及出版社出版
北京市海淀区中关村南大街 16 号　邮编:100081
电话:010－62173865　传真:010－62179148
http://www.cspbooks.com.cn
科学普及出版社发行部发行
鸿博昊天科技有限公司印刷
*
开本：630 毫米×870 毫米　1/16　印张：14　字数：220 千字
2013 年 6 月第 1 版　2013 年 6 月第 1 次印刷
ISBN 978－7－110－07917－1/G·3339
印数：1—10000 册　　定价：15.00 元